华章经管

HZBOOKS | Economics Finance Business & Management

ARTIFICIAL INTELLIGENCE PLUS

How AI and IA are Reshaping the Future

人工智能+

AI与IA如何重塑未来

[美] 韩德尔·琼斯（Handel Jones） [中] 张臣雄◎著

机械工业出版社
China Machine Press

图书在版编目（CIP）数据

人工智能 +：AI 与 IA 如何重塑未来 /（美）韩德尔·琼斯（Handel Jones），张臣雄著. —北京：机械工业出版社，2018.9

ISBN 978-7-111-60914-8

I. 人…　II. ①韩…　②张…　III. 人工智能 – 研究　IV. TP18

中国版本图书馆 CIP 数据核字（2018）第 210987 号

本书从人工智能时代的崛起讲起，以宏大的视角给读者描绘了一幅由大数据、人工智能（AI）、增强智能（IA）所构成的“人工智能 +”的全景图，阐述了人工智能发展的三个阶段，并讲述未来应该如何布局人工智能，发展哪些人工智能的关键技术，人工智能如何和企业转型升级相呼应等内容，为企业提供应对战略转型的指导措施，使企业和个人清晰地了解未来发展的路线图，抓住利好机遇，迎接整个社会的大变革。

本书适合企业管理者、创业者、政府政策制定者，以及对高科技产业、人工智能、经济形势、社会发展趋势感兴趣的读者阅读。

人工智能 +：AI 与 IA 如何重塑未来

出版发行：机械工业出版社（北京市西城区百万庄大街 22 号　邮政编码：100037）

责任编辑：孟宪勐　　责任校对：殷　虹

印　　刷：北京诚信伟业印刷有限公司　　版　　次：2018 年 10 月第 1 版第 1 次印刷

开　　本：170mm × 242mm　1/16　　印　　张：14.75

书　　号：ISBN 978-7-111-60914-8　　定　　价：55.00 元

凡购本书，如有缺页、倒页、脱页，由本社发行部调换

客服热线：（010）68995261　88361066　　投稿热线：（010）88379007

购书热线：（010）68326294　88379649　68995259　　读者信箱：hzjg@hzbook.com

目 录

第 3 章

人工智能在社会各领域的应用 / 99

第 4 章

奇点临近：人类与机器将何去何从 / 149

第 5 章

未来的市场与机遇 / 185

第 1 章

人工智能的复兴

如果流行文化能够映射出公众关注的焦点，那么最近的10多年里，精英阶层都开始意识到智能机器对人类的威胁。亚力克斯·嘉兰曾经拍摄过一部电影《机械姬》，影片中的机器人具有惊人的能力，它们不仅具有自我意识，甚至还能操纵人类。机器已经逐步开始取代人类的重复性手工劳动和体力劳动，同样地，人类的脑力劳动和知识性工作也可以被具有人工智能（artificial intelligence，AI）的机器所取代。机器同样可以通过与其他设备的连接，完成某个特定的操作，并且具有受人控制的有限自主权。

这种“智能机器”具有超级计算处理和学习能力，可以自主操作。智能机器将成为肌肉和大脑功能的替代者。人工智能发展到一定阶段后，这种智能机器将作为人类的数字AI复制品，成为新物种——“虚拟分身”，得到大量普及，使每一个人具有“增强智能”（intelligence augmented，IA），并使整个社会成为一个具有“增强智能”的社会，从而进入“人工智能+”时代。

“虚拟分身”是为社会上的每个人所准备的一个数字孪生兄弟。人类通过这个“虚拟分身”，会大大扩充大脑的记忆能力、认知能力、思维能力、预测能力及决策能力，等等，从而大大提高人的智力水平。目前所流行的智能手机，可以被看作“虚拟分身”的一个最原始的雏形。

人工智能通过为机器注入智能，使人类的智慧得到延伸，社会效率大幅度提升。科技为人类打开了又一扇神秘之门，引发人类社会有史以来最大的变革。

为了迎接和应对人工智能带来的一系列机遇，个人、企业和组织都需要为“人工智能+”时代的到来做好充分准备，以便充分挖掘人工智能所带来的巨大价值，同时避免人工智能可能带来的弊端和风险。

AI发展的三个阶段

人工智能在学习和决策的过程中，会从大数据中提取有用的价值，并用其改变整个社会。大数据让一些公司获得了前所未有的权力。海量的数据改变了竞争的本质。平台公司一向受益于网络效应：平台上用户产生的积极的互动数据越多，会进一步吸引更多的用户加入，产生更多的数据，从而进一步强化积极的网络效应。网络效应还能催生出一个利润丰厚、发展迅速的行业，为企业家提供建立数百万个新公司的机会。人工智能的发展势头将会越来越凶猛。

人工智能的演进和发展将分多个阶段进行：第一阶段主要提高机器模拟人类智力的水平，从而提高生产力，这类机器会得到广泛应用；第二阶段将实现全智能化，消除人类的参与，达到代替人类的效果；第三阶段将广泛支持虚拟分身和增强智能，形成人与机器共存和互相协同的社会。“增强智能”是人类智能与机器智能的结合（下文将详细介绍）。在第三阶段之后，将会进入人工智能发展的最后阶段。到那时人工智能将超越人类，即到达所谓的“奇点”。但在目前还无法明确地进行描述。

图1-1描述了人工智能的这三个发展阶段及相对应的时间表。

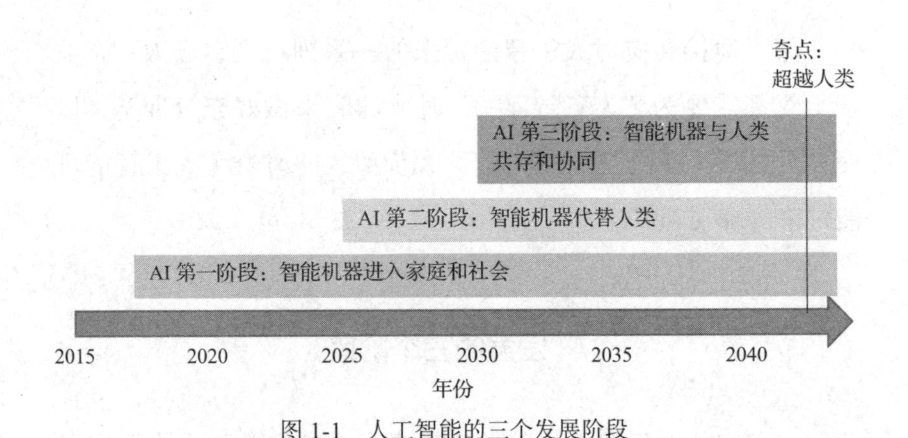

图 1-1 人工智能的三个发展阶段

谷歌、脸书、微软、亚马逊、腾讯、阿里巴巴、百度等超级平台公司正在投资数千亿建设云计算生态系统，可以支持成千上万个基于人工智能的应用和服务。建立这种支持机器学习和人工智能功能的云生态系统，就像建设一个功能结构完整的城市，需要提前规划和定义基于人工智能的城市运转规则；否则，这座城市将会面临拥堵和效率低下的问题。

人工智能的关键支持能力是在数十亿来源中生成的数据。人工智能的本质是从数据中提取价值。人工智能的好处将以多种方式被利用，人工智能的优势在于能够精确预测从数据中导出的众多概率结果。人工智能的预测能力将远远超过人类。

目前，在金融、零售、物流、运输、医疗和自动化制造业中广泛应用的数据分析，导致运作的速度、规模、生产效率都显著提升。更进一步，在未来工厂生活场景中，机器和设备将能实现全自动运行，例如全自动交通系统、“黑暗工厂”（全部由机器人操作，没有人工，没有灯光）及其他自动系统。

人们对人工智能的高度热情是因为人工智能的一些初始使

用模式正在变得越来越实际。自动驾驶就是一个例子，也许未来汽车都会配备无人驾驶功能，但关键问题是什么时候可以大规模采用自动驾驶，这将取决于监管因素以及依赖于技术安全性水平的成熟度。汽车产业已经接纳了对人工智能的需求，以支持自动驾驶技术和自动化交通系统的大规模部署。但是，如果没有高性能的处理器、基于 AI 的算法和快速数据分析，自动驾驶就不可能实现。

自动化交通系统的关键部分是数据生成，这是通过图像传感器、雷达和未来可能应用的激光雷达（Light Detection and Ranging，LiDAR）获得的。在新市场中使用 AI 技术的一些最根本的因素就是数据的生成和处理。随着大数据和人工智能技术的迅速发展，与自动驾驶类似的颠覆性技术也将在其他领域出现。

在第一阶段，智能设备和机器人需要由人提供指导。例如，在自动驾驶汽车领域中，美国汽车工程师学会（SAE International）定义了 0 ～ 5 的 6 个级别的驾驶自动化等级。0 ～ 2 级，需要大量人工参与监视驾驶环境，而 3 ～ 5 级将通过自动驾驶系统实施更多的控制。AI 系统开始在级别 2 提供一些驾驶辅助，例如转向、加速和减速，但是到了级别 5，AI 包揽了所有的驾驶功能。为了支持全自动驾驶，AI 的数据处理和分析能力要远远高于目前一般采用的系统数据处理和分析能力。

人类大脑和操作延伸的第二阶段

1946 年，第一台可由单人操作的计算机 ENIAC 开始展示自己的环形计数器。自那时起，人类和“计算的机器”开启了“人脑与机器脑”紧密结合的时代。

在人工智能发展的第一阶段，AI的本质是在机器内部创建一个数字化大脑，这个大脑可能独立于人脑之外，或者与人类大脑相辅相成。机器的数字大脑或智能可能会在云、智能手机、机器人或汽车中创建，也会存在于未来数十亿个物联网（Internet of things，IoT）设备中。

在100年前，石油成为现代社会最重要的大宗商品，开采、交易、提炼石油促进了勘探、化工、运输和金融等诸多产业的发展。到了21世纪的后工业时代，数据成了数字经济中最重要的大宗商品，对其搜集、提取和分析也成为驱动科技创新的第一要素。对大数据进行提炼与分析的技法与流程就是人工智能，它能够通过数据分析，做出准确的预测以及大规模实施必要行动，来提供价值和商业机会。AI在自动驾驶领域对关键安全性的控制功能进行了明确的定义，例如避免碰撞、油门和制动的控制等。

AI也可以应用到其他领域，如服务、消费领域。例如，阿里巴巴投资了915亿元布局人工智能及其他技术（包括虚拟现实和增强现实，阿里巴巴在2016年就已成立了虚拟现实实验室，2017年投资了国外几家增强现实公司，如Magic Leap等），以提升物流网络和用户的消费体验。阿里巴巴在“双十一”购物节期间应用了人工智能、虚拟现实技术和增强现实技术（例如，支付宝在2017年开启增强现实“集五福、分2亿”红包大奖的活动。第一天就有900万人集齐。而在2017年1月QQ

“LBS+AR 天降红包”活动期间，参与用户数高达 2.57 亿)，并在一天之内（2017 年 11 月 11 日）实现了 1682 亿元人民币的销售额。

阿里巴巴在 2017 年“双十一”期间的第一单包裹只用了 12 分 18 秒就送达；京东半日达、亚马逊一日达等高效的物流，都是由于这些 B2C 平台在供应链中开始使用半自动，甚至全自动化的物流系统。

根据收集的生成数据的大小和相关性，AI 从数据中提取的价值量将有所不同。人工智能的第一阶段展示了人工智能在若干个细分市场的潜在价值和优势，会影响到全球市场上数十亿用户。

在产业经济时代，很难想象如果没有电力，还有什么科技创新能够被普及。同样，在数字经济时代，如果离开了人工智能，也很难想象未来的黑科技将如何得到应用和推广。人工智能与电力有诸多相似之处——人工智能将无所不在，恰如现代社会电力无所不在；人工智能可以即插即用，和使用电一样方便；人工智能（最起码是现在基于神经网络与深度学习的人工智能）是一个黑匣子，一般人无法也不必了解其背后的运行规律，同样，使用的电能到底从哪里来、怎么发动，并不需要用户知晓。

人工智能的另一个重要组成部分是能够收集足够的数据，从而得出高度准确的预测以做出正确的决策。人类也根据概率做出决策。人类决策过程中的一个关键因素是经验，其中包括过去结果和情绪的组合。然而，人工智能是由数据驱动的，除非由人输入主观标准。

需要达到的准确度取决于不同场景。在某些情况下，如涉及生命、生死攸关的场景，目标应该是 99.999 999 9% 的准确度；关于一件衬衫是否比另一件衬衫更好的购买决策可能只需要 90% 或更低的准确度，因为消费者可以换衬衫，并且换一件的成本很低。然而，自动驾驶需要处理大量的数据（需要多个传感器），并且达到极高的避免冲撞行人和其他物体的准确度。基于 AI 的应用功能将有多方面的要求。

人工智能的第二阶段是智能设备或机器人完全通过自主能力完成复杂的任务，不需要人类介入。人们已经开始进入这个阶段。AI 在第二阶段对许多行业的影响将远远大于其在第一阶段对它们的影响。

人工智能的第二阶段将影响许多行业。例如，在制造业，AI 的第二阶段的应用案例是智能机器人。这些机器人可以自己独立运作，执行制造产品的各种任务，不需要任何人参与。

谷歌旗下的 DeepMind 以围棋人工智能程序阿尔法围棋（AlphaGo）而闻名，AlphaGo 已经击败了多位围棋世界冠军。AlphaGo Zero 软件已经进入人工智能的第二阶段。虽然 AlphaGo 需要人工输入分析任务的准则和界限，但 AlphaGo Zero 能够在空白状态的起点上，自学如何下围棋，并最终在游戏中击败 AlphaGo。围棋有 10 的 360 次方种可能的下棋盘面，每下一个棋子，要从这么多的可能性中选出“最优的”一种，如果用目前最快的计算机去穷举运算的话，几亿年都算不完，更不要提在短时间内选出最优的下法了。虽然，研发人员已经开发了不少的“启发式”算法，AlphaGo Zero 的算法可以大大减少运算时间，但是运算的准确度却不能达到 100%。因此，研发出既能达到高的准确度，又能达到极高速度的 AI 算法，是研发人员追求的目标。DeepMind 的 AI 算法的这种能力增强是超乎寻常的。

DeepMind 公司的 AI 系统属于游戏领域，其训练人工神经网络玩游戏的过程也非常接近人类的学习过程。AI 神经网络总体模仿的是人脑结构，在 2015 年，有训练人员用雅达利公司（Atari）20 世纪 70 年代开发的数十款游戏作为样本来让 AI 学习。

例如，经典游戏《打砖块》对于 AI 神经网络来说，规则更容易被掌握：玩家通过左右移动“球拍”，不断用反弹的球消除屏幕上方的砖块。玩家一旦失败会立即被罚（丢一次球少一条命）；相反，成功会立即得到奖励（消除砖块会加分）。简单的操作加上即时的反馈很适合 DeepMind 的神经网络，它很快就学会了玩《打砖块》，得分能比专业游戏测试人员高 10 倍以上。

有些游戏的学习过程就不那么简单了。在《蒙提祖玛的复仇》（Montezuma's Revenge）中，玩家要在危险重重的金字塔内寻找宝藏，并找到出路。玩家必须先完成多个小任务，例如找到开门的钥匙，但完成任务后无法直接得到反馈，例如在一个地方找到了钥匙后，可能要走很远到另一个地方用钥匙开门。游戏的最终奖励是得到宝藏，这是之前数千次行为累积的成功才能达到的结果，人工神经网络在这种复杂的逻辑上很难构建因果关系，对这个游戏 DeepMind 似乎毫无办法。后来，它的研究人员设计出了“好奇心”算法，放大成功的回报，于是系统因为更加好奇，从而有可能偶然发现一些没有明显即时回报的好策略。这种方法并不限于掌握虚拟世界的技能，也可以应用于真实世界。例如，DeepMind的算法已被用于谷歌的数据中心，找出了将能耗降低40%的方法。实际上，一些类似的任务被看作游戏。为了减少数据中心的能耗，神经网络可以调整冷却液泵的设置和电压负荷的分布，然后观察能源消耗的变化。它把能耗“得分”压得越低，最后的分数就越高。另外，DeepMind还把AI神经网络用于医疗服务，它还可以被应用于工厂、汽车、金融和其他行业。

在智能手机领域，在iPhone X智能手机上使用的3D面部识别也进入了AI第二阶段。这项技术通过苹果公司在其智能手机上的使用，而得到推广，拥有3D面部识别技术的产品正在大规模生产，从而变得成本低廉，这使得该技术可以得到广泛的应用。智能手机上的摄像头和传感器已经成为自动驾驶车辆、无人机和机器人成像能力的关键催化剂。随着图像传感器技术的发展，人类已经进入了“AI视觉时代”，视觉领域的需求发生了本质上的变化，图像从给人看变成了给机器看。图像在给人看的时候，人们关注的是主观审美；而在给机器看的时候，机器只关注是否能够精准地测量物理世界。

平安保险公司是中国第二大保险商，其市值超过1000亿美元，它也运用AI改进保险及金融的客户服务。例如，该公司现在提供三分钟在线贷款，在客户的匹配和授权环节，平安的系统在内部植入了AI人脸识别系统，这套系统验证过的人脸超过

3 亿张，其准确度比人工识别更高。人工智能的第二阶段在顶尖金融机构的金融分析和大型公司的供应链物流方面都走在前列。基于现有人工智能的应用进展，各大机构在建立基于云的生态系统和人工智能配套软件方面正在进行大量的投入。

AI 三个阶段的关键区别取决于在每个设备上的数据处理能力，或者是云在要求的时间范围（延迟）内执行数据处理的能力。AI 的第二阶段涉及的处理能力要比第一阶段高得多，而处理能力是硬件和算法性能的组合。也就是说，设计的算法本身要达到很高的性能要求，而硬件架构要按照算法定制，从而达到最优的数据处理能力。

1997 年，IBM 公司研发的深蓝超级计算机在世界象棋大赛中一战成名，它击败象棋大师加里·卡斯帕罗夫的消息震惊了世界；后来，IBM 致力于在深蓝的基础上研发更智能的超级计算机“沃森”（Watson），在 2017 年前，这对大众来说还是个默默无闻的名字，但实际上它已在金融监管界拥有庞大的潜在用户群。金融监管领域的规定已变得庞杂而难懂，即使是监管者自身也已开始寻求指引。面对这一需求，一个全新的市场涌现出来，这就是金融科技达人的新产物——“Regtech”（监管科技）。

2016 年 9 月，IBM 宣布收购拥有 600 名员工的金融咨询公司 Promontory，其高层员工包括美联储、世界银行、美国证券交易管理委员会和其他监管机构的前任官员。此次收购的目的是用人工智能找出金融系统的可疑交易。然而金融领域的监管规定缺乏连贯性且非常复杂。该项目在六家银行和三家交易所首先试点展开，为它们提供 AI 合规监督服务。开发人员把大量可能的违规手法输入沃森系统，它可以对交易模式和各种交互信息进行分析。这种监察还能延伸至交易对手方的社交网络，以厘清复杂的关系。

“虚拟分身”：AI 第三阶段的主力

在人工智能发展的第三阶段，一项颠覆性技术——虚拟数字分身成为主力。

位于美国加州帕萨迪纳的一家创业公司 ObEN（奥本）已经推出了成熟的虚拟分身产品。用户可以在 ObEN 平台上上传个人图像和音频，创建出个性化的 AI 虚拟形象，这个形象就像是用户的数字克隆体，用户可以在社交网络上管理和运营自己的虚拟形象，它只与现实世界中的人唯一地匹配。设想如果一位明星定制了自己的虚拟分身，那么粉丝就可以克服时空距离，每天与自己的偶像聊天互动，就好像与偶像在网上进行互动一样。未来，每个人都可以在任何时候都拥有一个虚拟分身，这个分身可以通过个人云或企业云与他人互动，即虚拟分身在处理私人事务时会与个人云相连接，而处理所在公司事务时会与企业云相连接。

虚拟分身将拥有超级计算机的处理能力，其有效 IQ（智商）将在未来几年迅速增长。在开始阶段，用户可以用智能手机等终端设备管理虚拟分身。但这样做的前提是，智能手机的处理性能必须增强到目前智能手机的 100 倍，或者未来达到 1000 倍。然而，要求如此高的硬件，也许要等到 2025 ～ 2030 年才会进入大众市场。

未来几代的智能手机将能够处理超过 100 万亿次浮点运算（TFLOPS），而且电池电量可以持续数天，未来的智能手机将成为可移动的微型超级计算机或“超级手机”。凭借 AI 功能和超级电脑的超级计算机处理能力，虚拟分身将具有比人类高得多的智力和分析能力，并与人类的大脑协同处理信息。

虚拟分身是现有的“虚拟助手”（如亚马逊 Echo）更进一步的扩展，Echo 能够接入互联网、使用云计算为用户提供伺服式的语音服务，可以倾听用户的指令并执行任务，而虚拟分身只针对某个特定的人，它的未来愿景是超越人类的大脑和思维水平，达到更高、更智能的水平。如果把人类目前的智能比作一架飞行高度极限为 1 万米的飞机，那么，虚拟分身更像一架超越了当前极限的新飞机，能够达到更快的速度，飞到更高的高度。在未来的 5 年内，预计研发的算法还可以让虚拟分身在完全没有人为干预的情况下完全自主学习。图 1-2 显示了“增强智能”是如何形成的。

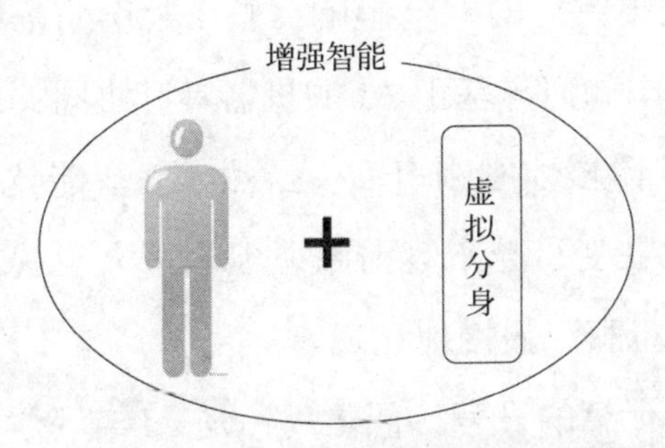

图 1-2　一个人加上“虚拟分身”形成了“增强智能”

虚拟分身技术一大关键的挑战是人类大脑与虚拟分身沟通

的能力，以及对虚拟分身内越来越有效的智商的利用。人们在一些关键领域将权力赋予虚拟分身的意愿也会增强虚拟分身的认知能力。

如果虚拟分身能完成今天人类完成的大部分工作，那么整个社会的运转方式将发生彻底的变化。因此，未来的一个关键要求就是确定人类在社会中的作用，这将需要认真细致的顶层设计。例如，在进行某项项目设计施工时，先要分配好哪些工作由虚拟分身完成，而剩下哪些关键部分需要人力来完成。

如果可以在人体上安装传感器，那么数据信息就可以通过传感器输送给虚拟分身，当几十甚至几百个传感器把监测人体的化学指标和电脉冲的数据传输给虚拟分身后，还需要一条反馈线路形成闭环；如果要将输入的数据从虚拟分身传输到人的大脑中，那么还需要实现更大的技术突破。

预计 2020 ～ 2025 年，虚拟分身技术将被广泛应用。虚拟分身的采用将导致社会结构和各行业的重大变化。通过采用人工智能技术来增加人的脑力，对人类文明的影响将远远超过石油和电力对人类体力的综合影响。整个社会将需要评估人类的角色，以及人类如何与基于 AI 的机器具有协同关系。

AI 的第二阶段才刚刚启动。虽然人工智能技术给人类带来的初步优势正在变得越来越清晰，但未来人工智能的全部影响还要随着时间推移，慢慢地显现。

当下认知计算的显著特征之一，是 AI 自我学习和改善性能的能力。很多学习过程都是通过对实时数据、用户反馈和文本型文章的新内容进行持续分析来实现的。如果 AI 能够把学到的知识与其他伙伴共享，那么就能在 AI 社区内放大集体智慧。在结果可衡量的条件下，学习导向型系统终将带来效益，比如更完善的股票交易决策、更精确的驾驶时间预测，以及更准确的医疗诊断结果。然而机器人辨别是非及伦理道德的能力究竟如何，目前还没有可靠的验证和结论。迄今为止，人脑的能力尚未被充分利用。虚拟分身的一个关键的问题是如何帮助人类演进到下一个概念思维和创新的阶段。但不利因素是智能机器可以取代人的工作岗位。在如何使人类一直成为社会的资产而不是负担方面，人类在未来面临着巨大的挑战。

虚拟分身能力和云连接能力的不断进化可能导致一个人控制全世界的一个专属职能的情况出现。但这不可能发生，因为人的能力也是不断进化的，他们能够更快地拥有适应环境所需的能力，并且可以通过授权把职能分派给其他人。很明显的是，由于制造业和服务业将受到人工智能的影响，许多在各个商业生产和价值链上采用 AI 的 AI 专家需要被培训出来。

因此，为了实施中国生产力自上而下的发展战略，需要让智能水平高的机器发挥价值，并开发其潜在的用途，这一类需求将为创业者提供创新的机会。

下面列出了在人工智能的三个发展阶段，进入“人工智能 +”时代的具体例子和场景。

（1）AI 第一阶段：智能机器进入家庭和社会。

- 活跃于护理、烹饪、清洁等工作领域中
- 智能机器代理购物
- 在建筑施工现场工作

- 隐形眼镜式显示器
- 在血管内移动的微型医疗机器人

（2）AI 第二阶段：智能机器代替人类。

- 全自动无人驾驶车辆逐渐普及
- 无须照明的“黑暗工厂”成为制造业的基础
- 指派 AI 秘书、AI 教师、AI 技工、AI 法官完成相应的工作
- 智能机器自我学习和自我改进
- 无人机配送范围扩大
- 人与人通信超越语言障碍

（3）AI 第三阶段：智能机器与人类共存和协同。

- “虚拟分身”成为家庭和社会的主力
- “增强智能”（IA）得到全面应用
- 智能机器具有“创造力”
- 电影由理解导演意图的“虚拟演员”出演
- 实现把芯片植入人体内
- 人的视觉、嗅觉、听觉等得到大大增强
- 人与宠物直接对话交流
- 空中飞行的无人驾驶出租车
- 人与车在街道同行，交通信号灯消失

人工智能 vs 石油产业

纵观人类历史，每一次改变世界的发现或发明都能使全世界的商业效率获得巨大的提升，这可以从历史上找到先例。在 19 世纪 50 年代，波兰科学家阿格纳斯·卢卡西维奇发明了现代

石油蒸馏工艺，其最初的目的是用石油来代替鲸油作为家庭照明用。随着鲸油变得越来越稀缺，其价格也变得居高不下，当时美国市场的鲸油价格高达 0.9 美元 / 升，而石油作为一种更经济的资源，当人们想要照亮自己的家园和企业时，用于照明的石油需求量就增加了。石油解决了一个近期问题，石油需求量的增加为原油勘探商和石油炼化企业提供了丰厚的财务回报，一个蓬勃发展的新商用产业由此诞生。人们在首次使用石油时，并没有看到其对于大型机器的影响以及在汽车、飞机和塑料行业的基本用途。

19 世纪末至 20 世纪初，随着汽车和飞机的发明，石油作为一项提供动力的能源，在陆地、海上和空中承载人员和货物的运输工具方面开创了许多新的产业。今天，全世界每年大约生产 1 亿辆汽车，在全球范围内在使用的汽车超过 10 亿辆；国际航协的统计数据显示,2017 年全球客运载客量超过 40 亿人次，而超音速飞机的研发也正在紧锣密鼓地进行中。

石油对人类社会效率的提升和新兴产业的塑造，是一个很好的例子，也许通过这些历史经验，我们也可以推断机器学习和人工智能对人脑脑力和新兴产业产生的影响。石油产业的发展说明了人类社会的需求和商业的面貌不会一成不变，今天的应用可能会在未来发生演变，甚至被颠覆和淘汰，而新的应用不能在当时的现实情况下被预料到。同样，人类完全应该相信，机器学习和 AI 的影响会远远高于目前所想象得到的程度。

石油产业的历史让人们看到了一种有利于日常生活的新功能如何在商业世界放大价值。虽然石油在社会生产中逐步成为主要资源耗费了近一个世纪，而机器学习和人工智能将仅需5～10年的短周期，因为它们最初的能力会对某些行业产生颠覆性的影响。例如，随着无人驾驶的广泛应用，未来将不再需要出租车司机和公交车司机。

现在，很多平台公司，如Alphabet（谷歌的母公司）、亚马逊、苹果、脸书和微软的基本业务都是靠数据支撑的，它们掌握着数字时代的“石油”。人工智能的开发、采纳和使用阶段已经开始，其技术水平在未来几年将迅速提升，这将大大扩展可应用的机会和领域，扩展的关键要求是在AI技术的每个增长阶段优化价值提升。

因此，有效引导从新技术中获得的好处是至关重要的。这可能需要结合对可用功能的深入了解，以及在战略性终端市场和行业中采用这些功能的有效的自上而下策略。

在石油能源产业中，许多变化需要数十年才能实现，所以一些跟随企业也有机会，但是国家和企业能否在石油能源上获利，在很大程度上受到地域的限制。而数据是通用的，任何人都可以生成数据。但是，AI技术每年会发生一次重大变化。因此，在AI领域做一家快速的技术跟随企业将不会有效。企业需要进行必要的融资和规划活动，尽快成为人工智能技术的领先者，并充分发挥人工智能的价值。

2030年AI在产业中的应用

图1-3显示了中国智能手机的生产情况。

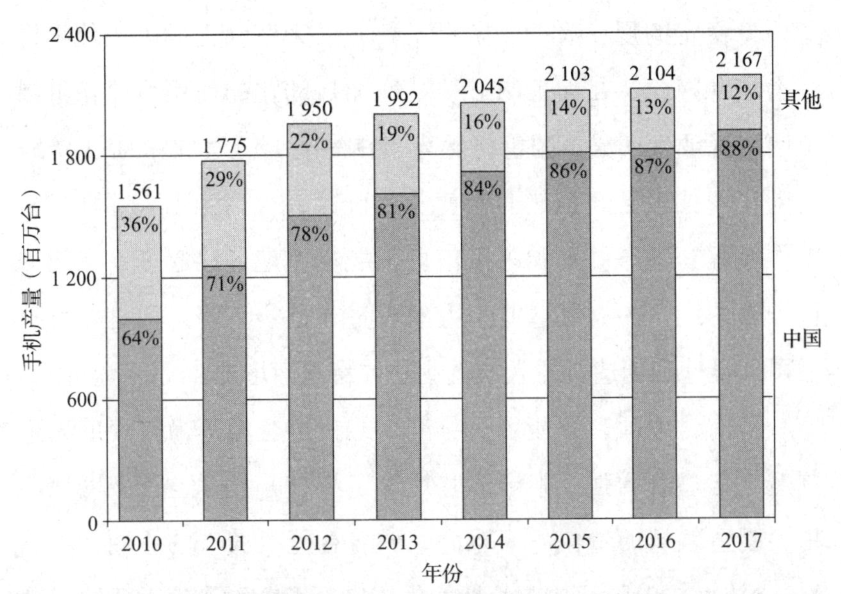

图 1-3　2010 ～ 2017 年中国的手机出货量

资料来源：中国国家统计局和 IBS 公司。

中国制造已经不再是质量低劣、低端生产的代名词，中国已经能完成许多高质量的产品生产，包括苹果手机，奥迪、沃尔沃、奔驰的中高级汽车，西门子、博世的家电，巴宝莉、迪奥等奢侈品品牌的产品，都有中国制造的身影。

服装制造等低技术工厂已经部分移出中国，但是，美国是中国纺织品服装出口第一大目的国，2010 ～ 2017 年，除了在 2016 年，中国的纺织产品出口量略有下滑外，其他年份都呈现了不同幅度的增长。最新的现状是，一些企业能够抓住行业的稀缺空白，利用人工智能技术，进行面料、设计的开发、创新。这些创新将打破中国的贸易平衡。

随着“中国制造”向“中国智造”的稳步推进，中国在持续地强化先进制造的优势，并提升实体产业的创新能力，制造业保持稳定的规模有助于贸易平衡，由于劳动力成本预计将继续上涨，因此，在加工制造领域增加自动化的使用可以在世界范围内保证生产成本的价格优势。在一些工厂里，“机器人流程自动化”技术已经悄然开始普及，机器人可以像工人那样，把工作流程、生产规则和多重信息系统有机地连接起来；在使用机器人的工厂内，制造业工人的数量在逐步下降，但是在科技公司，设计和创造机器人的就业岗位将逐渐增加。

目前，中国以智能手机、汽车、轨道交通等为代表的先进制造优势显著增强，半导体芯片等一批核心技术，让中国在高精尖制造领域的地位越来越高，随着智能机器人的应用，中国将 AI 技术与中国制造业基地的供应链运营相融合至关重要，这将有助于中国加速迈向制造强国。人工智能和机器学习技术也是获得所需原材料的最佳策略。人工智能将越来越多地被用于自动挖掘和加工铁矿石等原材料，澳大利亚已经开始使用自动驾驶的建筑卡车 Platooning，矿井已经尝试部署自动驾驶汽车，司机只需要坐在 750 英里[㊀]外的珀斯，通过 Wi-Fi、雷达、GPS 和软件控制卡车，卡车队伍便能排成一队在高速公路上行驶。未来，司机的座位也许会换到城市里的电脑前，电脑前却不一定是同样的这批司机。

在工业 AI 和工业自动化领域，智能工厂以高水平生产高质量产品。机器人已经为提高制造业的效率做出了贡献，而且机器人从简单智能化的 1.0 时代迈向了全面智能的 2.0 时代，无疑将使工厂的生产效率大大提高。

㊀　1 英里 = 1.609 34 千米。

目前，机器人要受到工厂操作员的控制，因为人的智商比机器人高得多。这些机器人执行重复的任务，可以每年 365 天、每天 24 小时不间断地运行（除了修理或升级的时间之外）。人工智能技术的应用将包括高性能处理器和机器学习算法的结合，使机器人能够通过不断的学习来更有效地完成任务。“飞行时间测距法”（time-of-flight，TOF）技术的应用将使机器人提高其工作的准确性和精度，从而能够制造出更高质量的产品。

亚马逊、阿里巴巴和京东已经在企业的供应链和产品交付物流中使用机器人，其中，亚马逊在 2016 年就已经拥有 45 000 台机器人，但是它的所有机器人都是“笨”机器人。使用机器人的影响是降低了人力成本，缩短了物流环节的交货时间，在可以预见的将来，机器人在物流中的使用比重将继续增加。然而，智能机器人不断移植学习技能，要求人类监督的需求将会越来越少。

预计在未来 5 年内出现的智能机器人，将拥有类似于 DeepMind 的智能化水平。这些智能机器人将能够根据为特定任务提供的一般准则，进行有效操作。工业 AI 的这一阶段将提高生产效率，会使工厂的工人锐减。预计到 2030 年，智能机器人将在全世界得到广泛使用。

智能机器人的使用将改变整个国家的就业结构。劳动力结构将从人口密集产业转向智力密集产业，在智能机器人的开发和生产领域将可产生就业机会，但人类并不需要和它们一起工作。到 2030 年，数以亿计的机器人将被投入使用，因此，为工厂自动化和其他的应用大量制造智能机器人，将是一个巨大的市场机遇。

获得极高性能的处理器引擎和相关算法，是制造智能机器人所必需的。打造高性能应用处理器研发的核心竞争力，必须足以与英特尔和英伟达的水平比肩，例如，如果把未来的自动驾驶汽车视为一种智能机器人，那么 5 级自动驾驶需要类似的高性能处理器。虽然华为技术有限公司下属的海思半导体公司在设计智能手机处理器方面已经具有竞争力，但中国在数据中心和智能机器人处理器方面的业务还需要大幅提升。

中国的制造业企业已经建立了非常有效的供应链来制造许多不同的产品，为了下一阶段使用智能机器人来进行自动制造，企业需要完善制造基地和供应链的战略布局。

中国国家统计局的统计数据显示，在 2016 年，中国制造业劳动力人数已经超过 1.31 亿，预计到 2030 年智能机器人将成为工厂的主要生产力量，80% 以上的工人将被智能机器人所取代。因此，虽然尖端技术和人工智能将为支持工业产能的扩张创造新的机会，但工业生产基地雇用的工人将只剩下极少数。为了赶在当前产业衰落之前为工人提供适应未来岗位的培训，就需要投资建设新的产业，而建设新兴产业的周期会相对较短。

接下来，制造业企业在新一轮的产业投资中，能够仅仅依靠市场力量完全确定智能机器人的开发使用，以及产业人力资本的削减规模吗？答案是否定的。虽然市场力量对优化制造行业当下的利润可能非常有效，但它对于短时间内发生的颠覆性事件是无效的。机器学习和人工智能的影响，特别是造成高失业率的风险，本质上要求顶层战略规划必须具有足够的远见和高效。

近几年内，中国每年毕业的大学生大约有 700 万人，国家在自上而下制定工业基地路线图时，需要考虑到受过良好专业训练的劳动者越来越多。因此，国家要着力打造高水平的高新产业，为具有高技术的从业人员提供高度的心理满足感，并让他们实现财富的积累。

在中国，很多企业已经开始试水一些机器人开发项目，可以为机器人技术的进一步扩展提供初步基础，但中国在现今的机器人技术上也落后于日本、美国和德国。因而，在下一阶段，企业的这些项目亟须提速，构建人工智能生态系统并引领未来全球市场。例如，美的集团收购库卡机器人（Kuka Robotics）公司；碳云智能收购以色列图像理解与人工智能公司 Imagu。

此外，智能机器人在机械精度和电子功能方面的技术，比现有的机器人技术先进得多，需要根据中国 2025 ～ 2030 年的未来需求的展望来制定其产业发展路线图，而不是对现有技术进行渐进式的改良，并需要试图缩小与其他国家竞争对手的差距。

中国政府的“十三五规划”发展目标是：到 2020 年生产 10 万台工业机器人供国内使用。中国机器人产业联盟（CRIA）的统计数据显示，2015 年，中国制造的工业机器人数量少于 3.3 万台；2016 年生产了 7.24 万台工业机器人，共销售了 8.8992 万台工业机器人，较 2015 年增长了 26.6%；2017 年，中国销售 13.1 万台工业机器人，而安装的工业机器人总数为 45 万台。

预计到 2030 年，人工智能的发展目标应该是在多个行业使用 1 亿台智能机器人，这就意味着工业机器人的数量需求增长的速度将比市场投放所能达到的速度要快得多，而且智能机器人还需要针对特定工厂的特定任务进行优化。

为生产智能机器人，需要以开发或购买的方式获得技术上的创新，目前大量的智能制造都聚焦于汽车和电子行业。中国汽车产业通过并购或合资的途径，在这些技术领域获得专业知识，同步快速研发新技术。这是中国在 2017 年一年内就能够制造 3000 万辆汽车的重要推动力之一。其他行业也需要具有独特和专属能力的专业机器人，可以根据其战略价值水平来扶持其他行业。因此，重要的是优先考虑在智能化生产的下一阶段需要关注什么类型的机器人。

在服务和个人消费领域，还需要家庭护理机器人和其他服务型机器人，因此机器人设计和制造业将具有非常庞大的规模，中国也将有机会出口机器人。

仅靠市场力量的推动并不能单独确定工业机器人路线图的优先级，必须把决策层的规划和创造有利于创业的环境结合起来，国家层面承诺在未来 5 年内至少投入 1000 亿元人民币，在短时间内为研究机构和企业提供大量的智能机器人研发和生产的资金支持，一旦资金注入到生产端，那么创新价值提升会非常快。

人工智能所带来的变化，会给许多行业带来明媚的阳光，但如果人工智能的影响力没有被很好地规划和实施，可能会反过来给社会带来很大的阴影。

麦肯锡发布的最新报告提到，到 2030 年，全球将有多达 8

亿人的工作岗位可能被自动化的机器人取代，相当于当今全球劳动力的 1/5。如何顺畅地引导劳动力转型？中国可以借鉴其他国家管理颠覆性就业变化的教训，以避免犯同样的错误。对美国、欧洲和日本的分析表明，很多企业对倒闭造成的就业岗位损失的影响都缺少事先的预估和规划。由于汽车、钢铁或者石油工厂的关闭，美国密歇根州的底特律、印第安纳州的加里和俄亥俄州的克利夫兰等美国的"铁锈地带"（指从前工业繁盛，今已衰落的一些地区）都遭遇了失业率和犯罪率的大幅度上升，却没有新的产业填补失去的空白。这三个城市为制造业工人提供了最低限度的培训，培养他们的新技能。但是，当培训结束之后，并没有工作岗位可以提供给受训人员。欧洲和日本也有类似的情况，制造业企业关闭了本地的工厂或将制造流程外包到发展中国家，后果就是就业岗位严重不足。

企业倒闭对年轻人也有很大的影响：因为税收收入下降，公共教育的质量也下降了。美国和欧洲部分国家的做法是提供涵盖日常需求的福利补助，但并不提供未来的就业机会。技能较低的年轻人失业率高，在未来 50 年可能会继续成为底特律等地区的问题。

结果，随着对于生活标准预期的下降，低收入人群居住的社区所提供服务（包括医疗、教育等）的水准往往会整体下降。年轻人变得对未来缺乏希望，这种恶性循环，会伴随他们一代又一代地持续下去。

而中国想要避免智能转型时代的"马太效应"，从美国、欧洲和日本的社会就业问题中吸取教训是非常必要的。需要提前规划并布局建设提供高就业率的新兴产业，并创造满足个人财务和精神需求的就业机会。

到2030年，工业智能机器人的初始目标是提高制造产品的生产力，但其长期目标是建立一个全自动的社会生态联盟，替代人类目前所做的大部分体力工作。除了提高智能机器人的智商外，还需要提高人的智商，采用虚拟分身和增强智能，实现两条腿走路，实现人与机器协同智能的生态系统。

家庭云：家用机器人走进每个家庭

毫无疑问，随着互联网化在人们工作和生活中所占的比重越来越高，整个社会将产生和消耗越来越多的数据，虽然数据可以从多个来源生成，但一个数据可能又会生成多个新数据，人究竟能使用多少数据，将受到处理和存储的物理限制。

根据5G通信协议，到2025年，无线通信将达到10Gbps下载速度的峰值；到2030年，下载速度的峰值将达到100Gbps。通过5G生态系统将实现高速的带宽网络连接，将让每个人以很低的成本获得大量的数据。

云端是一个连接了手机终端—云端的特定系统，基于云端智能强大的运算能力，通过运算，大数据能够得出大智慧，进行优势决策。而手机端具备了强大的智能感知能力后，就会成为帮助用户思考的分身和伙伴。人与手机能够达成平衡。

企业云传输和接收大量数据的能力，将由具有其个人云的人和机器来补充。例如，一辆新车将拥有自己的云，它将与汽车公司和企业（由英伟达、英特尔、大众汽车等公司维护和控制的生态系统）的云端接口相连，如图 1-4 所示。

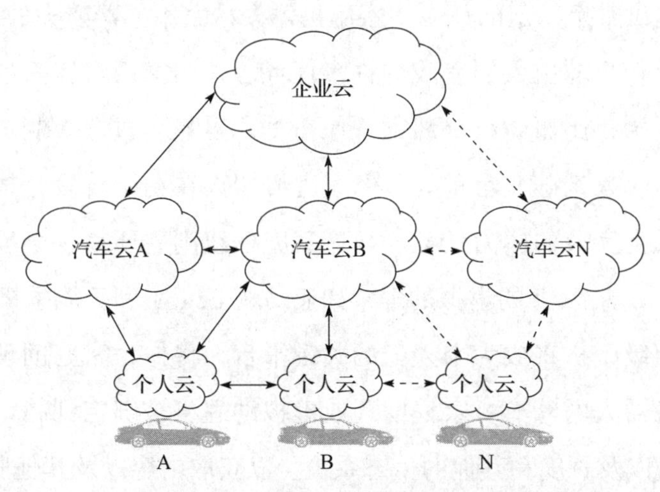

图 1-4　个人云、汽车云和企业云

如图 1-4 所示，“个人云”具有较大的存储容量，并通过本地深度学习 AI 系统进行高速数据处理，汽车内的每个乘客也将有一个单独的云。“汽车云”也有一个深度学习的 AI 系统，云能够存储大量的数据，并以非常高的速度执行数据处理。“企业云”的深度学习 AI 需要大量的数据存储和极高速的数据处理。

如果换成农业的场景，一个农场将有自己的云，农场里的每个农民、每头牲畜、每个智能农业机械、无人机等在这片土地上的人和设备都有自己的云。在这个农场中，多层次的云将是常见的。从宏观来看，将会有数十个云，未来可能有数千亿个云，每个云将处理和存储数据。有了云作为人的分身，人的大脑就需要云支持，就像肺需要氧气支撑一样。

未来，智能家居也将支持家庭机器人，它们也需要有自己的云，一些家电，如照明设备、恒温器、门锁、冰箱、烤箱、洗衣机和烘干机等也有自己的云。将有许多类型的家庭机器人，它们提供某个特定的任务。家用机器人是家用电器能力的延伸，能够执行目前由人们完成的许多任务。采用家用机器人的阶段已经开始，比如 iRobot 机器人吸尘器。虽然为机器人制造商创造初始收入基础非常重要，但家庭机器人在初始阶段是执行原本由人类完成的体力任务。智能家庭枢纽则主要靠一个家庭助理（一个基于 AI 的虚拟助理，如亚马逊 Echo）和智能手机。

超级手机将成为个人云的关键平台，将作为家庭助理以及家庭机器人的补充。家庭助理或虚拟助理将被绑定到腾讯、阿里巴巴以及百度和其他的生态系统，以获取内容以及其他服务。

在智能家庭环境中，高速带宽连接的数据（迄今为止消耗最多的数据量）是用于娱乐内容（包括游戏）的，而这样的数据消耗模式在中短期时间范围内还会持续。随着物联网在家庭中的应用越来越普遍，数据的源头数量将越来越多，包括从云到云。

人与云之间的一个重要接口是为商品和服务提供在线支付。在线支付已经是阿里巴巴、腾讯、亚马逊等数据公司的主要资金来源。在线支付和其他形式的金融交易也产生了大量的支付数据。企业可以使用消费者愿意支付的购买类型的数据，通过在广泛的相关产品和服务上提供个人促销来优化他们的消费选择。

人工智能的使用为个人和公司的活动提供了更多的广告效应。因此，数据汇聚公司（如谷歌、脸书、腾讯等）更愿意投资于提高数据分析的能力。

在支付数据的深度挖掘上，阿里巴巴非常有效地把支付宝的支付数据转化成各种新业务，阿里巴巴的关键优势基于其在电子商务领域的强势地位。腾讯正试图通过投资京东、滴滴、游戏以及增加获取内容等方式，来争夺阿里巴巴正处于竞争优势的市场份额。

虚拟分身与增强智能的普及，以及智能机器人的大量应用将大大改变智能家居的结构。个人云可以扩展到家庭云、社区云和国家云，而虚拟分身概念将在 2030 年主导家庭生活。

与数字生态系统中智商较低的家庭相比，利用虚拟分身和人工智能开发了技能的家庭在社会运作方面将变得非常有效率。虽然虚拟分身和人工智能会影响人们的日常活动，但另一个关键领域将是教育，这将影响到儿童以及正在进行的成人教育。

随着中国逐渐进入人口老龄化社会，有超过 1.5 亿人（占人口的 11%）年龄在 65 岁以上，中国的平均预期寿命超过 76 岁，上一代人对年轻一代的需求就越来越多。年轻一代需要工作、养育子女、照顾年迈的父母。机器人将越来越多地承担起照顾老年人的任务。

老年人和病人的护理将成为智能机器人的一个巨大的市场机会，日本正在开发和使用家庭护理机器人的初始版本。家庭护理机器人将执行诸如烹饪和清洁的特定任务，这些机器人还能感知何时发生医疗紧急情况（基于人佩戴的传感器）。

机器人也为老年人提供陪伴，在日本，它在很多情况下都取代了宠物。智能机器人的增加可以为老弱病残者及孤独的人提供精神安慰和乐趣，在体力上提供辅助性帮助，实现了很好的沟通和互动。虽然日本的家庭护理机器人的智能化程度还较低，但日本制造的机器人的机械能力正在迅速提高。日本的机器人的软件能力也相对较低，美国的软件专业水平远高于日本。

因此，中国的机器人公司可以与日本企业进行硬件开发的合作，例如美的与安川电机合作，为老人和接受身体治疗的患者开发护理机器人。中国的机器人公司也需要与美国的公司合作开发智能家居机器人的电子硬件和算法功能。在美国，已经有许多创业公司在为下一代机器人提供实现算法。

智能家庭机器人可以在家庭云中操作，但也可以在个人云中操作。共享经济的商业模式也可以提供家庭机器人租赁服务，这些机器人的云将成为房东云或租客云的一部分。消费者不需要拥有物品的所有权，例如自行车。北京摩拜科技和 ofo 小黄车就是通过自行车租赁业务，成为该领域领军企业的。

智能机器人和虚拟分身除了成为人体力上的辅助外，还将执行许多由人类完成的脑力任务。智能机器人通过深度学习，形成优于人类大脑的外部智力，将导致家庭环境的巨大变化。在许多情况下，对于一个家庭的沟通方式而言，家庭成员更倾向于与具有相似兴趣和相同智力水平的人（不一定是家庭成员）进行交流，那么，执行特定任务的智能机器人的出现将改变家庭家务的结构。

今天，每个家庭成员的职责主要是由园艺、烹饪、清洁这一类劳动密集型工作来区分的，全家人共同完成体力劳动也是一种家庭的纽带。将来体力劳动将由家庭机器人完成，家庭成员将主要通过分享体验（旅行、户外运动、在高级餐厅用餐等）

和不断的数据共享来建立联系。

未来的预期是，除非采取措施确保这些纽带的强劲，否则在家中不同云之间共享间接的信息，所建立的纽带将比现在面对面联系建立的家庭纽带弱得多。如果管理不善，虚拟现实也可能让个人变得越来越孤单。而反过来，如果能提供适当的内容，虚拟现实设备可以加强生活在不同地理位置的家庭成员之间的联系。

虽然向智能机器人和虚拟分身的过渡起步相对较慢，但到 2030 年的时候，它们的影响将是极其显著的。

虚拟现实和增强现实

使用虚拟现实（virtual reality，VR）头盔进入虚拟世界的方法，起初由于多种因素的影响而导致不少问题，例如用户头上戴了一个很重的头盔导致恶心、出汗和不适。此外，除了展示虚拟现实概念的价值之外，迄今为止虚拟现实在内容生产上还没有特别的突破。因此，一些积极推广虚拟现实头盔的公司，如谷歌、脸书、亚马逊、三星电子、索尼、HTC Vive 等已经缩减甚至停止了其业务。许多公司的重点已经转向了支持与智能手机紧密相连的增强现实（augmented reality，AR）。预计增强现实技术的发展将会很快，增强现实与虚拟现实相比将有不同的增长轨迹。

然而，新一代虚拟现实设备正在开发中，未来的设备将拥有更高性能的处理器和更好的显示技术。预计虚拟现实设备将在 2025 ～ 2030 年被广泛采用（数以亿计的数量），用它将可以访问各种互动内容，包括教育和娱乐内容。游戏将是广泛采用虚拟现实设备的关键驱动力。

Magic Leap 即将推出一款混合现实的智能眼镜。戴着这款眼镜，不但能清楚地看到物体或人像，在旁边还会自动显示出有关这个物体或人物的相关文字信息。

虚拟现实环境不必局限于头盔，也可以是具有多个真实人和虚拟人的房间。

宽带连接将成为访问各种超高清内容的关键要求，而 5G 通信协议则代表了宽带连接的可能选项。

需要解决的关键问题是虚拟现实改变了人们对周边和环境的感受，人的体验究竟是不是真实的，已经变得不重要，一个人可能变得沉迷于虚拟世界生活。虚拟现实可以给人一种真实的印象，例如处在一个被最好的艺术作品包围的实际博物馆中，在一个波涛汹涌的海滩上，或者在一座高山的山顶上。一个虚拟的聊天室可能会充满虚拟的朋友，人们能够实时地相互沟通，并且通过使用 AI 和虚拟分身，进行互动交流且没有任何破绽。

传统家庭和商业上的面对面交互将成为过去时，其将被虚拟世界所取代。人们可以在与现实世界接触最少的情况下，生活在虚拟世界中。

然而，关键问题是谁来控制虚拟世界呢？在中国，到目前为止，两个主要的候选者是腾讯和阿里巴巴，百度也是一个潜在的参与者。能够向虚拟世界提供内容的公司将对个人和社会拥有广泛的控制权。

表 1-1 显示了中国手机 App 用户的数量，我们可以观察到控制虚拟现实内容公司的早期指标。

表 1-1　中国的手机应用程序（App）

名称	拥有者	作用	使用用户[①]（百万人）
微信	腾讯	多功能社交媒体	980
QQ	腾讯	聊天	843
支付宝	阿里巴巴	支付	520
淘宝和天猫	阿里巴巴	购物	488
微博	新浪微博	社交媒体	379

① 显示为 2017 年 9 月数据。

对虚拟现实领域的新进入者来说，已经积累了海量内容和数亿用户的公司建立了强大的竞争壁垒，小公司和新进入公司只有在腾讯或阿里巴巴平台的基础上，才能获得庞大的用户量。

增强现实的应用扩展了智能手机的功能。然而，采用虚拟现实可能对家庭和商业环境造成极大的颠覆作用。

数据汇聚公司（如谷歌、腾讯、脸书等）将能够预测和塑造人们购物、饮食和其他活动的新行为模式。迄今为止，还不存在既能获取数据，又能利用人工智能对亿万级数据进行分析的力量。在未来，必须通过制定规则，控制数据汇聚公司对人类大脑，及对作为虚拟分身的一部分而被包含在内的数据的影响。

如果一个人把成功的、有魅力的领导者作为偶像，那么其可以影响他的思考和行为模式。然而，数据汇聚公司的影响可能会更大，因为使用了人工智能，所以这些公司在外部环境的智商将远远高于个人的智商。美国已经出现了类似的模式，包括亚马逊、谷歌、脸书和苹果在内的数据汇聚公司将控制用户对虚拟现实内容的访问。

即使在目前的智能手机环境中，虚拟现实的潜在未来应用也能适用于增强现实。然而，虚拟现实是一个极端的例子，它可以把一个人有效地从自身所处的物理环境中抽离出来，并且潜在地与其他人和物建立情感联系。

随着虚拟现实的加入以及虚拟分身和增强智能的应用，人类社会将在2030年之前发生变化。对这些技术的影响事先就要有良好的评估，也需要采取必要的措施来确保其产生的影响是正面而不是负面的。

自动驾驶：不用司机的运输

未来，一位乘客的普通出行，可能会是这样的场景：一辆完全自动驾驶的汽车被用户的智能手机召唤，正在路边等候乘客。这辆车内部有四个座位，车辆后方有放置行李箱的空间，没有车窗，乘客通过车内的显示屏上可以看到车外360度视角的影像。当乘客上车后，车辆便可以自如地融入马路上的稳定车流中，乘客不用担心交通状况，也不需要互相交流。自动驾驶汽车已经选择了最佳的路线，在一秒内计算出预计的到达时间，然后将搭载乘客高效安全地到达目的地。这辆车还为乘客提供虚拟现实头盔。乘客可以在虚拟世界中度过与虚拟朋友或同事在一起的整个旅程。

2030年的自动驾驶车辆将达到自动等级“5级（L5）以

上”，这意味着不用司机参与，个人也不再需要自己拥有汽车。到那时，用户就不用再考虑汽车维修的问题，也不需要购买或租用每天闲置十多个小时的车库了。在未来，有了自动驾驶汽车，除了真的爱车族或喜欢收藏汽车的人之外，个人的汽车所有权将不再需要了。

图 1-5 显示了各国汽车的生产情况。

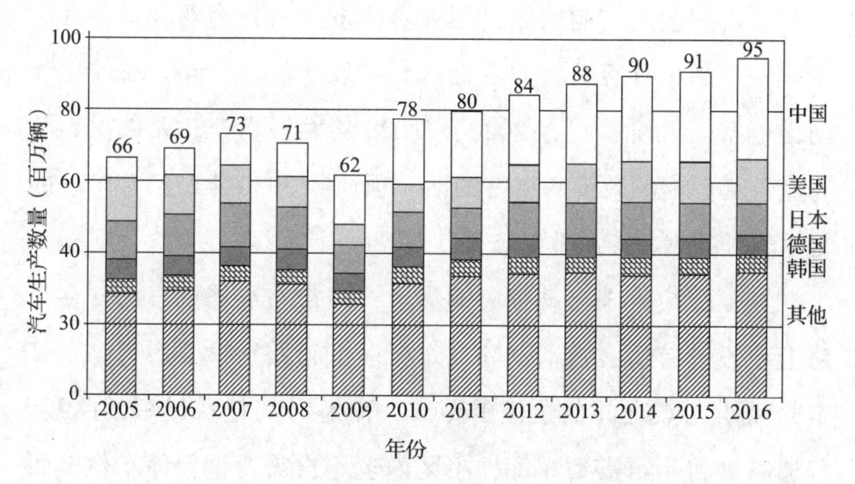

图 1-5　全世界主要的汽车生产国在过去 10 年的汽车产量

直到 2023 年，中国将一直是全球最大的汽车生产国。但是，为保持全球产量的 30% 以上的生产水平，中国将需要更换现有的汽车组装基地，扩大中国国内汽车的消费量和出口汽车的数量。

随着汽车所有权的概念变得过时，自动驾驶汽车以很高的利用率（每天 10 小时以上）运行，届时所需的汽车数量可能只是 2017 年制造的汽车数量的 20%，即 2000 万辆汽车。如果把由多辆车组成的车队的销售量算进来，那么全球制造车辆总数约为 3000 万辆。

因此，目前全球汽车产能过高，这将会造成产能过剩。

美国的自动驾驶技术正在迅速发展，特斯拉公司是该领域的领导者，例如高性能处理器和配套算法等关键技术优势集中在美国。在欧洲，奥迪等公司在自动驾驶技术上也进行了大量的投入。对于中国而言，规划开发高性能处理器同样非常重要。

自动驾驶的初始阶段是用计算机取代人作为驾驶者，汽车变成一个超级计算机，并且拥有高带宽、低延迟到云端的无线网络连接。该阶段将在 2020 ～ 2025 年发展迅速，如果得到政府监管部门相关政策的支持的话，预计到 2030 年，第一阶段的自动驾驶技术将变得非常普及。

为了适应未来自动驾驶的需求，城市布局需要改变，在公路上要设计有适合自动驾驶汽车行驶的道路，这样的道路不一定是城市两点之间的最短的距离，而是时间耗费最短的路线。普通家庭将不再需要车库，小区内也不再需要设置停车位，而是让自动驾驶汽车的放置站成为主要的停车场所。

无人机也将变成一个需求量激增的产业，目前有创业公司设计的开发项目是无人机运送人员，但直到 2030 年，这种设想还不可能大规模地实现，但让无人机成为普通的快递投递工具是有可能的。但有个问题是：在城市内，无人机不可能把货物送到每一个用户的家门口，而且将快递包裹留在家门口很容易被盗。所以，人们正考虑在尽量靠近业务中心和客户的地方，建立无人机放置站。目前，亚马逊就能够在现有的实体店面中提供储物柜供顾客拿取货物。未来，无人机可能会把快递包裹送到储物柜的位置。

有必要接受这样一个概念，即运送包裹和货物的快递将与把乘客送往目的地的无人机技术协同起来，使无人机技术变得更完美。

自动驾驶的概念与电动汽车不断普及的趋势是一致的。除了更换电池所需的时间之外，这些车辆将能够每天 24 小时不间断地运行。当电动汽车的电量不足时，电动汽车将驶入由智能机器人更换电池的换电站，在换电站里有很多充满电的电池可以替换，替换下来的电池可重复使用。

城市将需要管理自动驾驶汽车使用的道路或隧道。一个关键因素是自动驾驶的电动车在地下运行的能力。这可以有效利用一些地下隧道，这些隧道不需要安装昂贵的设备来排放燃油汽车的尾气。但在未来智能城市日益普及的道路上，如果要广泛地使用基于 AI 的技术，必须在城市系统优化交通流量，因为这直接影响到人们居住、工作和进行其他的活动。

由于中国的公共交通建设是由政府统一规划的，政府拥有高效管理大项目的能力，所以中国有能力进行智能城市的转型和升级，提高货运和客运的运输效率。但美国和欧洲在改变交通基础设施方面将面临重大挑战，因为改变消费者的驾驶模式困难重重，需要大量的支出才能将现有的城市变成一个智能城市。

车企正在对其自动驾驶技术进行渐进式的改进，这种改进能够维持汽车行业现有的收入来源和商业模式。从短期来看，渐进式的改进没有什么问题，但长期的问题是车企不能从 AI 技术上获得最优的收益。因此，加速采用主要基于交通流量管理的自动驾驶技术是非常重要的。另外，在把现有车队升级为支持自动驾驶的过程中，车企将有非常大的市场机会。

中国的车企已经开始投入巨大的资金和生产力量来发展自动驾驶技术，并推动电动汽车的研发和生产。奇瑞汽车声称，2017 年公司生产超过 26 万辆电动汽车，并将其投放市场，到 2020 年的目标是生产 100 多万辆电动汽车，这是非常宏大的目标。

自动驾驶对于采用机器学习和人工智能的企业来说是当前重要的商机，全球的车企及其供应链合作伙伴都在积极地参与其中。2030 年汽车所需要的技术和指标将比现在高得多，但是目前中国的自动驾驶技术与美国、欧洲和日本的技术相比还是有一定差距的。

用于自动驾驶汽车的电子元件的市场很大，预计到 2030 年，每辆汽车的零部件价值 3250 元，按照全世界的产能 3000 万辆汽车估算，仅电子元器件市场的总体规模就将为 975 亿元。但如果从长远来看，取消汽车私人所有权将导致汽车产量下降 80%，那么中国具备自动驾驶汽车的领先技术才是关键所在。例如，自动驾驶汽车将需要各种电子元件，包括图像传感器、雷达、LiDAR、微控制器和 100TFLOPS 的处理器，等等。自动驾驶技术也需要配备相应的算法，这些将成为自动等级 5 级和 5 级以上的关键差异化技术。

自动驾驶将产生大量的数据，尽管暂时数据中的很大一部分可以被丢弃，但是云端需要处理的数据量仍然非常大，这些数据可以在企业云或汽车的本地云中处理。云生态系统将需要大幅度扩展，以支持自动驾驶技术并优化行驶时间，这在智能城市中十分重要。从长期来看，需要对自动驾驶的意义进行进一步考察，使其在短距离和长距离上，都能充分发挥和优化乘客及货物自动流动的全部优势。车企和数据汇聚公司可以在短期内将交通运输业升级到一个新的发展阶段。

自动驾驶是采用基于人工智能技术的一个显著的机会，这需要硬件和软件的高性能能力。高效运送乘客和货物所带来的经济收益是非常显著的。对于发展成熟的车企来说，争取把自动驾驶汽车产业建设成为全球领先的产业，将会拥有很多机会。

虚拟助手

目前智能手机的智能水平和支持人工智能功能的能力非常有限，但是随着神经网络技术和人工智能算法的发展，这种情况在未来5年会发生巨大的变化。智能手机正在发展成为拥有超级计算机处理能力的超级手机，而电池的续航能力将会极大地增强，每次的续航时间可能会长达几个星期。

神经网络功能已经被集成为协处理器，已成为苹果、华为、高通和三星应用处理器核心的一部分。神经网络引擎为机器学习提供支持，最初的目标是视觉处理、图像分割和融合，以支持增强现实。

亚马逊成功推出的虚拟助手是Alexa，它被集成到智能音箱或智能显示器等各种设备中。Alexa使用原始的AI的功能，能够响应和处理用户发出的语音命令。亚马逊与谷歌、苹果、三星、华为等品牌的产品竞争，预计未来每一代产品都将具有更高的性能和更深入的人工智能的技术。但亚马逊的产品固有的问题是，像 Alexa 这样的虚拟助手被放在一个固定的位置，而智能手机是可以随时移动的。智能手机和未来一代的超级手机将能够执行与目前现有的虚拟助手相同的功能。预计到 2030 年，大规模采用 5G 将提高智能手机提供信息的能力，因为更大的带宽可用于支持大量的低延迟内容的存取。预计 10 年后，智能手机的处理能力将增强 1000 倍，这将支持移动超级计算机的概念。具有 5G 连接的高性能智能手机或超级手机将成为支持虚拟分身和虚拟助手的关键平台。

虚拟分身和人脑的结合是增强智能的概念：虚拟分身可以执行虚拟助手所完成的逻辑和活动，而人脑将进行概念性思考。在超级手机上的虚拟助手和虚拟分身的概念将通过各自的云连接。现在已经开发出了融合各种云的模块化功能，人工智能的作用在日益增长，其中，娱乐和游戏内容是关键的驱动因素。

虚拟助手和智能手机已经可以提供同声传译以及语音和图像识别功能。人工智能技术消除了语言障碍，可以在人与人之间实现超越语言障碍的交流和沟通。随着智能翻译技术的不断进步，人们需要学习多种语言，会重视和强化各种表达方式的细微差别。

虚拟助手和虚拟分身将能够支持广泛的应用，例如医学、法律、金融和农业，但需要专门算法来支持各种应用。虚拟分身和增强智能的概念将对中国和其他国家的教育体系产生重大影响。学习者将从需要死记硬背的能力，转变为具备如何充分利用虚拟分身和云生态系统功能的能力。

人该如何生活，这个问题将与人脑的本能和虚拟分身中的高速处理能力的结合密切相关。然而，一个关键的问题是如何在商业或家庭环境中与所用的超级手机或其他超高性能设备进行通信。

输入的内容可以是基于语音识别的文字，但是与超级计算机的处理能力相比，语音输入的带宽是很有限的，也可能有新语言的开发，将大量的数据压缩到新的输入方式中。这些新语言需要具备通用性。虽然现有的语言经过了数个世纪的演变，但演变基于人与人之间的沟通，而不是人与机器之间的沟通。

还有一种沟通，是人与动物之间的沟通。比如，狗或猫等宠物，或者鸟类，都有表达它们喜怒哀乐的动物语言。通过使用人工智能技术，人类的语言可以翻译成动物的语言，或者将动物的语言翻译成人类的语言，从而实现人与动物之间的沟通与交流。

另一种输入的内容是基于图像的通信，但是图像需要的数据量比口头或书面的单词量大得多。人脑需要接受培训才能识别图像并与之通信。图像的使用是机器彼此通信的有效方式，例如利用算法和存储在机器中的图像库进行 3D 面部识别。

在人脑之间或人脑与虚拟分身之间进行直接交流也有好处。大脑到大脑的交流需要心灵感应能力，而为了让人的大脑直接与虚拟分身进行交流，必须将特殊的传感器连接到人脑上。

心灵感应技术目前尚不可用，甚至在 100 年内可能也是不切实际的。然而，开发能够将大量数据传输给虚拟分身的新技术，以及能够在人脑中接收大量信息是非常重要的。需要开发1000倍或更高的数据压缩能力，以优化2030年以后人工智能的优越功能。人类不能拘泥于过去的沟通方式，因为传统的方法效率很低。

早期语言包含的词汇量十分有限。后来，词汇扩大到包括实际数据、意图以及需要直觉破译的隐含意义。虚拟分身可能需要类似的方法。开始时，虚拟助手和虚拟分身可以执行简单的任务，如制订计划和安排日程表，根据冰箱里的食物自动生成购物清单，等等。这些简单的任务可以支持虚拟分身技术的应用。然而到了2030年，虚拟分身技术将会改变人们解决复杂问题和相互交流的方式。

目前，已经有了车对车通信的技术来避免车辆碰撞；微信等应用程序也有“附近的人”功能，可以与安装了微信的移动设备进行通信；还有很多App会查找与用户有共同兴趣的微信用户，并告知用户谁在附近。

到2030年，虚拟分身将积极地相互沟通，但关键问题是如何启动和管理这种沟通。是由阿里巴巴、腾讯、百度等拥有虚拟分身内容的详细信息，以及其他个人信息的公司来管理，还是由个人来管理？这些问题仍需要解决。

人在初期的角色是帮助虚拟分身成为一个更高效的个人助理，未来虚拟分身将具有比人脑更高的处理性能，并将反向领导作为主体的人。

对虚拟助手和虚拟分身的长期潜力有一个开放的态度是非

常重要的，人们不应被当前的实际技术水平所限制。随着虚拟分身的能力和处理能力的不断发展，将会出现一系列新的应用和服务，如果企业能够抓住这些潜藏的重大机遇，可以围绕这些能力建立新的公司，就将刺激创新。

其中有许多机会不会产生很高的营收额，但仍可以为许多企业提供良好的财务回报。每个机会就像海滩上的一粒沙子，抓住这些机会，就像用沙子做沙堡一样重要，反之，如果视而不见而仅仅是踩在沙子上，企业将一无所获。中国科学院国家实验室和一些有远见的企业将成为 AI 和大数据浪潮的引领者和受益者，大学可以为复杂的问题提供高度创新的解决方案，并且可以持续地研究比企业项目周期更长的项目。

当年人们可以把石油作为比鲸油更好的照明燃料，但石油也支持创造了新的产业和生活方式。石油向机械化交通领域衍生，出现了数万亿元规模的汽车产业，与之相类似，人工智能将创造更大规模的产业。然而，这些新兴产业在前期需要得到社会力量和资本的支持，直到它们成长得足够庞大，能自给自足。为了抢占先机，中国在 AI 的许多关键细分市场确保全球领先地位至关重要。

智能购物：传统零售业的颠覆

亚马逊、阿里巴巴等平台企业已经通过电子商务技术和人工智能技术，改变了商品的供应链和分销结构。目前以人工智能为基础的购物产业正处于早期阶段，未来几年预计会有更多的变化。

购买和交付货物的初始阶段主要侧重于使供应链的物流更有效率，并降低劳动力成本。而且，由于仓库人员的参与程度较低，人员受伤、错误交付及其他因素也较少出现。

人工智能还用于使商品选择更有效率，并引导消费者购买更多的商品。买家也可以获得更多关于相关商品的信息，这可以帮助他们决定购买哪些商品。此外，增强现实技术和虚拟现实技术还能为用户提供更丰富的产品信息，有的平台可以向用户推荐周围人正在购买的产品，有的平台可以向用户展示物品的内部情况，帮助用户进一步判别产品的质量。

在增强现实和虚拟现实环境中开发的技术也支持检测水果和蔬菜等易腐物品的新鲜度，并确定其营养价值。如果用户的身体上有附着的传感器，那么增强现实技术可以根据用户的健康指标，向用户推荐适合他的鲜活商品，告知用户哪些水果和蔬菜值得购买。

AI 根据用户的个体差异决策营养平衡的能力，可能导致未来食品工业结构发生重大变化。这些指标将使消费者能够综合地衡量商品的价格、质量和营养价值，这将成为未来现实和实用的功能。

当前超市的布局是通过细分产品的分类来引导消费者找到特定的品牌，能够看到和触摸物品，以及阅读简短的说明帮助消费者决定购买什么。实际上，这种方式给用户提供的数据参考价值非常有限，而新技术提供大量数据的访问，但提供的数据量很可能偏向特定的产品，例如为数据公司提供最高利润的产品。虽然人工智能和机器学习的使用，可以为消费者提供更多的数据，但是数据提供者可以强化对消费者购买商品的引导。因此，为了使所提供的数据具有真实性和公正性，数据提供商需要更广泛地收集消费者的反馈。

在互联网购物平台上，商品具有低成本、低损耗、流通速度更快、海量选择、真实的用户评价等优势，使得线上购物模式迅速地取代了大部分传统的线下购物。未来，客户可以在家附近的储物柜中取货，而且在家中可以远程访问自己的储物柜。然而，这些储物柜可能仅限于有财力安装和维护个人储物柜的个人和公司使用。

人工智能在电商领域的另一个应用基于消费者的购买历史和当前搜索进行精准的购买预测。通过消费者的行为数据，企业也可以向目标消费者发送特定的广告和促销信息，刺激用户购买商品。有的平台甚至出现了智能定价系统，对于平台的老用户，系统显示的定价要高于新用户。这种智能化的定价模式可以提高平台的利润。

互联网平台要从积极推动的新功能上获得价值，其创新的出发点是为了赚取更高的利润。只有获得利润，企业才有投资新功能的意愿。

信息推送控制是阿里巴巴、腾讯、亚马逊等电商平台的关键组成部分，平台通过向用户推送高匹配度的信息，提高用户的参与度和活跃度。产品供应链已经发生了重大变化，平台运营提高效率、扩大市场规模以及增加利润的关键因素在于为大量数据提供高效的分析工具，其重点是购买部分供应链以及成品的最终交付，同时需要生成相关的数据，这可以用基于人工智能的电子商务技术有效地完成。

平台的利润可以从一部分交易费中获得，交易量的增加可能导致额外交易费用的产生，给平台带来巨大的财务回报。阿里巴巴也成立了一个准银行公司——蚂蚁金融服务集团。目前在全球范围内，商品交易的主流货币是美元、人民币等主权货币，但未来可能会采用加密数字货币。

在电商的仓储和物流端，物流机器人将自动处理用户购买商品的数据，机器人将完全取代仓库中的人；未来，包括自动驾驶卡车和无人机在内的自动交付也将消除供应链生态系统内的劳动力需求。未来，超市和百货公司等实体购物场所可能会消失，售货员和销售员的岗位也可能不复存在。

基于人工智能的商店在不断发展，个体商店最先被电商取代，因为这些商店的产品种类有限，而大型百货公司是第二批逐步被淘汰的零售业态，因为百货公司在商品的品牌方面没有显著的差异性。

在自动化工厂保持最小库存水平和运行“时间刚好”系统的库存策略已经得到了广泛的应用。零售店将越来越多地采用类似的方法，并结合帮助消费者做出何时购买及购买何物的决定。因此，除了线上购物持续增长之外，实体零售店的需求将继续下降。

提供实物商品交付服务的公司，也可提供数字内容的电子交付作为业务补充，它们可以利用其现有的实物交付基础设施来交付数字产品。亚马逊、网飞（Netflix）和谷歌在美国提供数字内容方面进展迅速，但中国具备的能力已经不比美国落后。然而，商品和数字内容的选择将基于数据而不是店面的陈设，实体商品与数字内容被递送的地点有着根本的区别。

未来将有几亿消费者采用虚拟现实设备，大量实物商品将在虚拟商店中进行数字化销售，以供消费者定制虚拟生活环境。消费者将能够在虚拟世界中看到商品的 3D 模型并与之互动。因此，消费者的浏览需求将从摆满实体商品的实体商店转到虚拟商店，以访问适用的数字商品的数据库。这一概念将对实物商品的生产和将实物商品转化为现实数字商品的技术产生重大影响。此外，消费者也不需要拥有某些物品的所有权，如艺术品和其他家居装饰品。在 20 世纪八九十年代，录像带、DVD 租赁业务曾经风靡一时，随着共享经济模式的普及，按照 1 小时、1 天、1 周、1 个月等固定时间期限租用实物商品也能解决消费者日常或对新兴产品的消费需求。未来其他实物商品也可以采用类似的方法。

随着人工智能技术的普及，零售业的变化可能会非常剧烈，当零售业的商业模式发生变化时，推动新技术和商业模式的企业要让人工智能的方法为社会提供积极的价值，并妥善解决就业问题。传统的工业基础产业的就业基数将下降，而需要新技能的新兴领域的就业机会将会增加。

第 2 章

人工智能的关键技术与核心方向

为了从数据中获得高价值，首先必须生成大量的数据，然后必须从生成的数据中提取相关数据。这些数据将得到处理和存储，而不能使用的数据将被丢弃。

AI 生态系统关键的基石是大数据，企业需要积极开发 2030 年所需要的各种前沿技术，需要将适当的重点放在人工智能和机器学习在未来 10 年所需的关键技术上。

大数据：人工智能的基石

用户在实际的工作生活中会生成和使用数据，所产生的数据使用量呈指数级增长。互联网数据流量的增长趋势如图 2-1 所示。

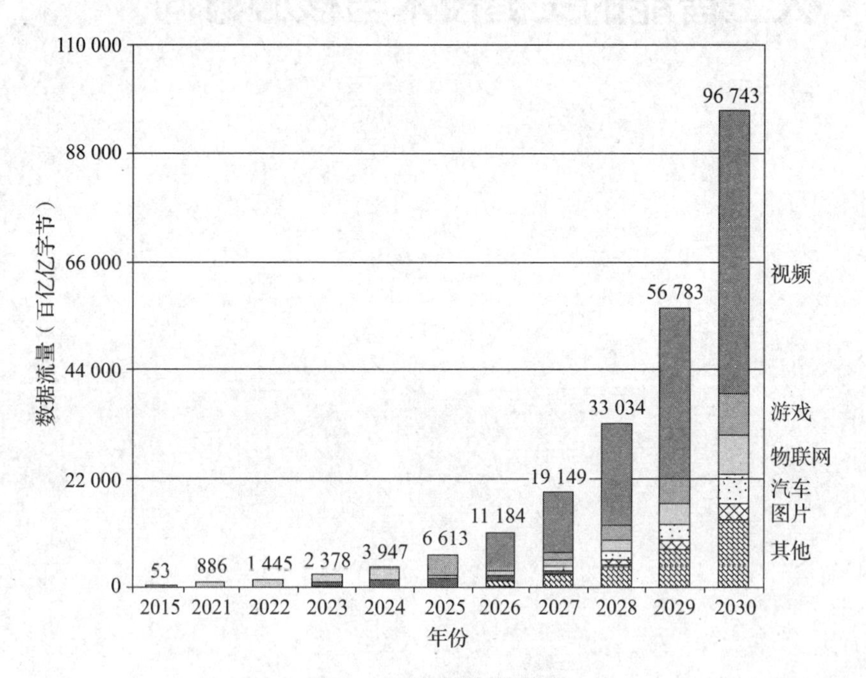

图 2-1 互联网数据流量

数据流量的增长整体上是非常快的。在 2017 年，电影电视剧等流媒体内容占到了数据流量带宽的 49%，预计这个数字到 2030 年将占数据流量带宽的 59% 以上。

人工智能被越来越多地用于从内容中挖掘更多价值，其中包括与消费者的使用行为相关的广告推送以及用户偏好分析功能，从而让消费者在网络上停留更长的时间，以获得更多的内容。内容生成可以获得很高的收益，这就是为什么亚马逊、Netflix 和其他公司正在大量投资创建自己的原创内容。

游戏也是一个大的数据生成领域，eSport 就有数以百万计的专业玩家参与竞技，这种高赌注的多人视频游戏竞赛有数以百万计的观众观赛。2017 年，“英雄联盟”游戏玩家多达 1 亿人，最大奖池为 2.47 亿元，最高职业玩家赚了近 2300 万元。英特尔极限大师卡托维兹世界锦标赛也曾经有高达 173 000 名体育场馆现场观众和超过 4600 万名在线观众观看。

此外，为了建立一个庞大的用户群，许多休闲类视频游戏是免费的。这些游戏可以作价提供包含某种虚拟物品的战利品盒子，如果没有这些战利品盒子，玩家将无法获得游戏中的特殊功能，从而可能会得到低分。免费游戏也可能由付费广告商和促销活动提供商赞助，当赞助公司向游戏公司付费之后，将其产品嵌入到游戏中。预计基于人工智能的技术将越来越多地用于创建更加复杂的游戏，并巧妙地做到有针对性的产品布局功能。

随着 5G 连接到云的部署，物联网设备生成的数据量将呈爆发性的增长。预计在 2020 ～ 2022 年，5G 无线通信会被大规模部署。在短期内，窄带物联网（NB-IoT）是连接到云的可行选择，这将加速物联网的广泛应用。

虽然每个物联网产生的数据量可能很低，但全球将有数百亿个物联网数据生成设备，这将累积产生大量的数据。还需要为物联网应用提供下载的数据，AI 技术将决定如何处理这些数据。例如，农民在使用带有 AI 技术的无人机喷洒农药时，可能会收到通知：通过无人机拍摄的照片分析，农田的某一部分必须比其他部分喷洒的药量更大。

自动驾驶汽车将产生大量的数据。然而，关键问题是哪些数据应该发送到企业云中，哪些数据留在汽车云的本地进行存储和管理。

人工智能是自动驾驶的关键部分，用于识别各种各样的物体，并预测其避免碰撞的行为，例如注意其他车辆和行人横过马路。5 级自动驾驶将需要 100 TFLOPS 处理能力和非常强大的基于 AI 的算法，这些功能预计在 2030 年之前会变得非常普及。

图片和视频共享是另一个重要的数据生成领域，互联网用户在社交类 App 或网站上共享生成的数据量越来越大，这是下列因素造成的：智能手机支持的像素数量的增加、具有高分辨率相机模块的智能手机数量的增加，以及包括安全监控在内的其他应用的增加，等等。增强现实的采用将需要多个图像传感器以及用于 3D 面部识别的“飞行时间测距法”技术，这些技术和应用也将导致生成的数据大量增加。

图 2-1 显示了数据来自很多个数据源，除了原始的数据生

成之外，数据之间的交互也会生成新的数据。因此，随着更多数据的产生，数据产生的速度也将继续迅速加快。

但是，AI 所用的数据量将受到连接带宽、处理器处理数据的速度，以及数据存储的容量等因素的限制。如何进行实时有效的数据过滤，即哪些数据需要存储，哪些需要丢弃，已经超出了人类的控制能力。因此，需要利用 AI 技术来确定丢弃、处理或保留哪些数据。

用户需要从数据中获得价值。一旦数据丢失，就很难被找回。新的数据也可能会生成，从而使旧数据不那么重要，导致数据的价值随着时间的推移迅速下降。迄今为止，在智能手机及其他设备中处理和存储的数据量大大增加，并且云中的数据量也大量增加。

数据流量的分析是评估某种类别的数字内容所使用的数据量的一种方式。所用数据量的增加、处理器性能的提高和基于人工智能算法不断增长的能力，这几个因素组合起来，对从大数据中获取价值的能力产生巨大影响。

为了支持数据量的大幅增长和人工智能技术的应用，一些公司正在增加数据中心的资本支出（CAPEX），如图 2-2 所示。

一些数据中心公司的资金开支越来越高，是因为需要处理的数据量不断地增加，新服务不停地涌现以及在新数据相关业务中追求获得高市场份额的目标。此时数据中心公司需要 AI 的关键能力支持，它允许分析更多的数据，但需要增加公司的资本开支。

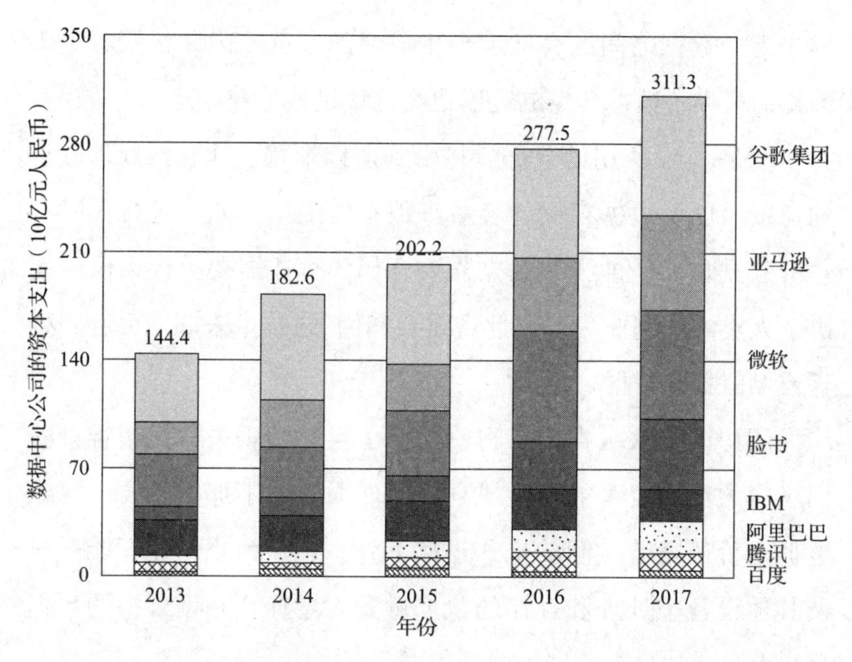

图 2-2　数据中心公司的资本支出

一些数据中心公司的资本开支还包括对设施和设备进行投资，以使内部的运营更加高效，例如改善自动化仓库，升级电商的物流系统等都基于使用先进的人工智能技术。美国的一些公司正在迅速地完善自己的生态系统，通过使用人工智能技术来提高数据生成的价值。虽然重点是提高硬件（如处理器）的吞吐量，但另一个关键因素是人工智能算法在提高数据分析能力方面有更高的性能。下面分别介绍几家著名公司对于人工智能的投入情况。

谷歌

2017 年，Alphabet（谷歌的母公司）的资本支出约为 770 亿元人民币，2016 年为 710 亿元人民币。谷歌云平台的收入增长速度超过公司的其他大部分业务。谷歌声称，迄今为止在建设数据中心网络上的投资已经超过 1950 亿元。谷歌的投资还包括海底电缆、公司拥有和运营的网络。

2017 年年底，谷歌拥有 15 个数据中心，在美国北弗吉尼亚、巴西圣保罗、印度孟买、澳大利亚悉尼、英国伦敦以及德国法兰克福增加了 6 个数据中心。谷歌的数据中心支持众多的行业和服务，对于 5 级自动驾驶的支持是谷歌公司的目标之一。谷歌的另一个关键目标是支持公司认为未来具有很高增长潜力的健康产业。谷歌公司被认为是最先进的 AI 公司之一，因为它几乎所有的新产品和服务都或多或少使用了人工智能技术。

2014 年 1 月，谷歌以 5 亿美元收购了位于英国伦敦的 DeepMind 公司。

DeepMind 用 AI 技术来设计数据中心，从而提高数据的吞吐量并降低功耗。随着 DeepMind 公司的 AI 系统的使用，谷歌数据中心的冷却费用在 2016 年下降了 40%，相当于整体用电开销下降了 15%。谷歌将在其数据中心更多地采用人工智能，获得的主要收益是更高的吞吐量和更好的分析功能，同时数据中心期望使用基于 AI 的密码学技术以获得更高的安全级别。

谷歌开发了第二代张量处理单元（TPU2）引擎，加速了机器学习，提高了数据中心完成任务的速度。谷歌还声称 TPU2 比其他处理器具有更高的性能。谷歌决定开发自己的处理器架构是表明 AI 重要性的一个关键决策，也是增加硬件吞吐量的需求，公司期望 DeepMind 的基于 AI 的技术将用于开发新一代 7

纳米和更小特征尺寸的 TPU 型架构。谷歌开发的 TPU2 将在商业市场上销售，这是其他公司所要达到的竞争性标杆。

DeepMind 公司实行自主运营，对谷歌而言相对比较独立。这家公司积极应对各种要求苛刻的应用，包括医疗保健、天气预报、财务分析、智能城市以及其他使用超级计算机功能的终端应用市场。然而，在未来，随着基于 AI 的算法的性能提高，预计许多这些应用可以通过主流计算机（包括潜在的超级手机）来解决。人工智能功能也将继续在超级计算机上使用，而超级计算机安装数量的增加也给人工智能的应用带来了好处。

DeepMind 还与医院和大学就视力丧失和头颈部癌症研究建立了各种合作关系。该公司已经为英国国家卫生服务部门开发了 Streams 临床应用程序，在患者病情恶化时立即向临床医生发出警报。但是，人们有一些担心这个应用程序违反了英国的《数据保护法》。这也提醒开发者需要确保 AI 的好处超过其危害，也表明需要与政府和相关利益集团合作，以避免违规行为，否则将拖慢基于人工智能技术的应用发展的步伐。

根据 DeepMind 的说法，其 AlphaGo Zero 程序也可用于“蛋白质折叠、降低能耗或寻找革命性新材料”等任务。强大的人工智能功能可应用的范围非常广泛。AI 使用还处于非常早期的阶段，它有能力在未来几十年改变社会。

DeepMind 还开发了基于文本描述来创建图像的技术，这可能是开发用于 AI 的新语言的初始步骤。需要一种比单词提供更多数据的语言。正如一句西方谚语所说的，“一图胜千言”。DeepMind 还开发了类似人类的语音发生器 WaveNet，该发生器建立在卷积神经网络（CNN）上。由于 WaveNet 庞大的计算能力要求，这项技术到目前为止还没有达到商业可行性。但随着谷歌数据中心性能的不断提高，WaveNet 最近已经以美国英语和日语整合到谷歌助理中，最新的 Pixel 智能手机也提供该功能。WaveNet 要求把超级计算能力迁移到智能手机上，这是 AI 在许多应用中具有颠覆性能力的另一个例子。

谷歌的另一个深度学习 AI 的研究项目是谷歌大脑（Google Brain），它支持开发谷歌翻译（Google Translate）和使用生成式对抗性网络（GAN）的密码算法。利用对抗性神经网络技术，两个 AI 系统可以通过相互对抗来创造超级真实的原创图像或声音，在此之前，机器从未拥有过这种能力。这给机器带来一种类似想象力的能力，从而使如何让机器提供创造力这个问题有了新的解决方案。谷歌已开发了将 8 × 8 像素图像源转换为逼真的高分辨率图像的软件，可用于安全监控和取证。谷歌大脑还有能力进行医疗诊断以及分析产品的新鲜度。一个关键的要求是扩大可支持新应用开发的第三方用户群，类似于英伟达的 CUDA 方法。

“AI 联盟伙伴”由谷歌、亚马逊、苹果、DeepMind、脸书、IBM 和微软创始发起，该联盟的目标是开发和分享 AI 技术的最佳实践，促进公众对 AI 的理解，并提供一个开放的讨论和参与 AI 的平台，确定并发展有益于社会、人们所追求的 AI 技术需要做的步骤和工作。

Waymo 自驾车公司是谷歌进入自动驾驶市场的尝试，也是通过自动驾驶产生营业收入的一个途径。谷歌使用 AI 和机器学习来支持自动驾驶。然而，目前还不清楚公司如何从自动驾驶中获得营业收入，因为谷歌不是车企。谷歌可以像建立智能手机的安卓操作系统一样，建立自动驾驶的操作系统环境。此外，谷歌可能会开发用于自驾车的处理器，这可能是用于数据中心的 TPU2 的衍生产品。

谷歌的 TensorFlow 深度学习框架越来越受到人们的青睐，有迹象显示 TensorFlow 可能是基于 AI 应用的关键全球平台之一。TensorFlow 是谷歌的一个关键功能，也是同声传译、3D 面部识别、自动驾驶和基于 AI 的医疗方面的应用平台。2017 年年底，谷歌公司发布了轻量级版本“ TensorFlow Lite”，其适用于移动设备及嵌入式设备。

使用人工智能来进行同声传译、3D 面部识别、医疗以及对内容生成和分发（ YouTube）的支持表明了谷歌在人工智能方面投入的广度和深度。

谷歌还投入了虚拟助手、智能温控器、智能手机、智能眼镜和 Chromebook 等消费类产品的开发，但是这些项目的财务回报迄今为止仍然较低。另外，谷歌在虚拟助理市场上还没有能够赢得相对于亚马逊的较大市场份额。谷歌的 Pixel 智能手机市场份额很低，其市场份额根本无法与苹果、三星和华为的智能手机相比。

谷歌的目标是运营于终端和云，即使财务回报不明确，但公司投资于新技术和新应用的战略也是相当独特的。然而，谷歌从其广告核心业务中获得巨额利润，这使得公司能够灵活地投资和开发基于人工智能的技术。

由于 DeepMind 在 AI 技术方面的领先地位，对 DeepMind 的收购是谷歌公司很有远见的行动。除此之外，谷歌还至少收购了 12 家其他人工智能公司，例如 Halli Labs 等。

下面举几个谷歌使用 AI 的具体产品的例子。

- “谷歌个人助理”。谷歌个人助理可以帮助人们获得天气情况、文字翻译（100 多种语言）、更新航班起降时间，等等，也可以预订餐厅、创建提醒事项、打开或关闭家用电器等。
- “谷歌无线耳机”。谷歌无线耳机（Pixel Buds）是谷歌公司开发的蓝牙无线耳塞，它可以提供对于 40 多种语言的即时翻译，这是目前市场上最好的基于 AI 的翻译工具。用户只需按住右边的耳塞，说：“请讲中文”，左边的耳塞就可以把所有的语音都翻译成中文，它给个人和专业人员带来极大的帮助。
- “谷歌机器人”。谷歌公司的 AI 机器人最初也是由 DeepMind 开发的，它可以教自己如何走路、奔跑及跳跃，而无须人的指导；它使用了“强化学习”的方法。

亚马逊

2017 年亚马逊投入的资本开支为 609 亿元人民币，2016 年为 469 亿元人民币，2013 年资本开支为 208 亿元人民币；亚马逊是最早把提高生产力放在优先位置的公司，它在仓库里使用了大量机器人（目前已经超过 10 万个），从而大大改善了用户体验，例如货物交付速度的提升。

亚马逊网页服务（AWS）是亚马逊旗下的云计算服务平台，它新推出了“亚马逊机器学习”服务。亚马逊使用 AWS 来从商业市场获得营业收入，并支持其内部供应链物流。2017 年 AWS 的年收入为 1071 亿元人民币，2016 年为 850 亿元人民币。亚马逊数据中心的商业市场支持所带来的收入和利润使得公司能够进行必要的投资来开发全球领先的 AI 技术。这些技术用于交付实物商品以及数字内容的物流系统。

AWS 云在全球 12 个地理区域内运营 49 个可用区（AZ），并计划在巴林、中国香港地区、瑞典以及美国的第二个 AWS GovCloud 地区再增加 12 个可用区和 4 个区域。一个 AWS 区域是一个带有多个 AZ 的物理服务区域；客户物理位置越接近 AWS 区域，AWS 服务越快。每个 AZ 至少有一个数据中心，但有些则有 8 个数据中心。亚马逊的大部分数据中心都有 5 万～ 8 万台服务器，而一些 AZ 的服务器数量超过 30 万台。

亚马逊的数据中心使用自己的定制硬件，包括网络路由器和接口产品。例如，亚马逊与博通（Broadcom）就在一个网络芯片上进行合作，该网络芯片拥有 70 亿个晶体管，并支持 128 个 25 千兆位以太网接口。通过使用来自半导体供应商的芯片，亚马逊可以比直接从系统公司购买路由器和交换机更有效地优化吞吐量、功耗和成本之间的权衡。亚马逊还拥有自己的半导体设计能力，从而开发专门的架构。

AWS 提供 AI 和深度学习服务，包括以下内容：

- 亚马逊 Recognition 计算机视觉服务为应用增加了视觉搜索和图像分析功能。
- 亚马逊 Polly 语音识别服务，将文字转化为逼真的语音。
- 亚马逊 Lex 自然语言处理 AI 服务可帮助用户打造可使用语音和文本进行对话的应用。

亚马逊向个人用户推出了云端语音识别产品 Echo。亚马逊 Lex 使用与 Alexa 虚拟助理相同的深度学习算法，这个虚拟助理装在亚马逊 Echo Dot 智能音箱中，售价约为 40 美元。亚马逊和微软之间也有合作关系，使 Alexa 和 Cortana 能够互相交流，亚马逊可以利用微软在语音识别软件方面的专业知识和投资。

亚马逊和微软还联合开发了 Gluon 深度学习库，该库与 Apache MXNet 或 Microsoft Cognitive Toolkit 一起工作。通过 Gluon 界面，开发人员可以使用 Python 和预先构建的神经网络组件构建机器学习模型。

数据集可以使用 AWS 的计算和数据分析产品进行分析，例如 Amazon Elastic Compute Cloud（Amazon EC2）、Amazon Athena、AWS Lambda 和 Amazon EMR。

AWS Deep Learning Machine Images（AMI）预先配置了 MX-Net、TensorFlow、Cognitive Toolkit、Caffe、Caffe2、Theano、Torch 和 Keras。AMI 还利用英伟达公司预先配置的 CUDA 和 cuDNN 驱动程序以及英特尔的数学核心库（MKL）使 GPU 加速。

还有一个观点认为，虽然高效的实物交付是过去亚马逊的主要收入来源，但数字内容将成为长期收入增长的关键来源。数字内容的潜在高速增长，是亚马逊积极生产自己原创内容的关键原因。

人工智能是亚马逊正在使用的基本功能，其提高了供应链物流的效率，以及提供了基于机器学习和人工智能的越来越多的服务。它的 AI 网上平台也是世界最大的平台。亚马逊对基于数据中心生态系统的巨额资本支出，显示了公司把数据作为重心，对此需要确保其 AI 算法在全球范围内处于领先地位。

微软

2017 年微软资本开支为 703 亿元人民币，2016 年为 710 亿元人民币。最近几年来，微软已经把它的重心放到 AI 的研发上面。公司还为其 Azure 云服务的全球数据中心基础设施投资了 975 亿元，来自云服务的收入也在不断增加。目前有 36 个正在运作 Azure 的地区，另有 6 个正在计划中，每个 Azure 地区都有多个数据中心。Azure 带有机器学习的核心，它用于计算数据及开发预测模型。

微软提供了 Cognitive Toolkit 开源深度学习框架，并正在开发自己的深度学习加速器硬件，代号为 Project Brainwave。虽然谷歌的 TPU 是基于 ASIC 的加速器的，但是 Brainwave 是基于 FPGA 的。Brainwave 将“软”深度神经网络（DNN）处理单元合成到 FPGA 中，从而扩大信号路径的吞吐量。微软展示的 Brainwave 使用英特尔的 Stratix 10 FPGA（14 纳米），能够保持 39.5 TFLOPS。

微软已经完成了基于 Open Compute Project 标准的 Project Olympus 超大规模云硬件设计。该体系结构设计与硬件无关，并与 Intel Xeon Scalable、AMD EPYC、Cavium ThunderX2（基于 ARMv8-A）和高通 Centriq 2400（三星 10 纳米工艺制造的 48 核 ARMv8 CPU）处理器兼容。采用处理器处于中立的方式，使得微软可与多个处理器厂商合作，以优化吞吐量、功耗和成本。微软也有能力推动 ARM 架构的发展，成为 x86 架构的竞争对手，但基于 ARM 的数据中心处理器的产品开发支出还不到 x86 处理器的 10%。

微软还有其他与合作开发框架不相关的功能，如与脸书一起开发的开放神经网络交换（ONNX）人工智能生态系统。

微软的 Azure 云服务正在从商业市场获得收入，并支持公司的业务。

微软已经研发了不少使用 AI 的产品，尽管有的产品还在不断改进中。这些产品包括：

- "Cortana"。这是一种个人数字助理，使用人工智能来与用户互动，并从用户处学习。它可以帮助用户找到信息、提醒用户预订的约会或事件。
- "HoloLens"。这是一种把 AI 作为核心的"混合现实"头戴式装置。它使用了图像处理和识别功能，成为第一个全息计算机，成功把数字内容和全息内容结合起来。微软期望在接下来几年中让技术更成熟，让更多用户接受，并把价格降下来。

微软公司在 2016 年成立了它的 AI 研究部门，包括 5000 多名工程师和计算机科学专家，这证明了公司对于研发人工智能的重视。毋庸置疑，微软将成为世界顶尖的 AI 公司之一。

脸书

脸书 2018 年预计资本开支为 910 亿元人民币，2017 年资本开支为 455 亿元人民币，而 2016 年为 312 亿元人民币，该公司正在俄勒冈州的普赖恩维尔（Prineville）、得克萨斯州的沃斯堡（Fort Worth）、内布拉斯加州的帕皮利恩（Papillion）、新墨西哥州的洛斯卢纳斯（Los Lunas）、爱尔兰的 Clonee 以及丹麦的欧登塞（Odense）建立新的数据中心。

脸书人工智能研究院（FAIR）有超过 100 位科学家在开发新的 AI 技术，开发主要是面向大众市场应用。此外，脸书的 FBLearner Flow 人工智能平台使其工程师（包括许多没有 AI 专业知识的工程师）能够针对日益广泛的应用，构建、测试和执行机器学习算法。

Caffe2 是脸书的主要深度学习框架，该公司正在推动其在社交网络环境中的应用。

脸书和微软也联合推出了 ONNX 生态，允许开发人员将他们的神经网络从一个框架转移到另一个框架，只要这些框架支持 Caffe2、PyTorch 和 Cognitive Toolkit 等 ONNX 标准即可实现互通互用。

此外，脸书与英特尔、Rackspace、高盛等公司开展了开放计算项目（OCP），旨在为数据中心、电信和网络应用提供软件无相关和硬件无相关的解决方案。OCP 目前有 200 名成员，包括惠普、华为、IBM、浪潮、英业达、联想、广达、Wiwynn、Mellanox、英伟达、微软、谷歌、AT&T、Verizon 等公司。

OCP 允许低成本数据中心的开发和构建，避免诸如惠普和戴尔等服务器公司的高成本硬件（如服务器）的昂贵价格。脸书已经设计了各种开源服务器来执行特定的功能，比如 Bryce Canyon 的存储、Big Basin 的 AI 和 Yosemite 的大规模计算。脸书在其服务器中使用的处理器包括英特尔和英伟达的处理器。脸书也开发了存储平台。

脸书正在把重点放在智能手机的社交网络服务上，但主要限制因素是所支持的智能手机显示屏的尺寸，智能手机屏幕的尺寸限制了用户可以执行的功能。然而，最重要的因素是支持基于人工智能的服务，脸书的一个重点领域是图像识别，这与 Instagram 的功能紧密相关。

脸书开发了一种基于 AI 的文本分析工具“DeepText”，它可以理解每个词汇及上下文的意义。目前，这个工具可以理解 20 多种语言编写的邮件的文字内容。同时，这家公司还在使用 AI 的计算机视觉方面做了大量研发工作，包括视觉对话、内容及图像理解、虚拟现实、卫星图像分析、图像计算分析学，等等。

脸书主要靠自己研发人工智能技术，但也购买了一些重要的 AI 公司，最近几年它成为快速发展的公司，它将在人工智能领域中占有非常重要的地位。它购买的公司包括专门研发对话 AI 技术的 Ozlo 公司、研发面部识别技术的 Masquerade 公司，等等。脸书公司设有专门的AI研发部门，称为脸书AI Research（FAIR）。

IBM

2017年IBM的资本开支为204亿元人民币，而2016年为259亿元人民币。资本开支的减少可能与公司未来会在第三方数据中心而不是自己的数据中心推广、采用新服务有关。IBM在19个国家拥有近60个数据中心，其中33个数据中心专用于IBM Cloud平台。每个数据中心至少有4000个服务器。

该公司的Z14系列大型计算机每个核都具有用于加密功能的CP辅助功能，使大型机能够随时加密“所有数据”。对于许多安全性要求很高的金融服务行业的应用来说，这是非常有吸引力的功能。

IBM“沃森”的AI项目是IBM公司的旗舰级项目。在2011年，“沃森”战胜了美国著名的智力问答竞赛节目《危险边缘》(*Jeopardy*）中的两名对手而夺得冠军，一举成名。当时比赛以一种独特的问答形式进行，问题选材非常广泛，涉及历史、文学、艺术等各个领域。IBM从2005年起就开始开发“沃森”，当时目标就是战胜《危险边缘》。“沃森”在这个节目累积取得了100万美元的奖励之后，IBM开始扩大“沃森”的功能，开始将其称为“认知计算”而不叫AI。

“沃森”开始时只在几台服务器上运行，后来被放到了云中，并取得了极为重要的成就，主要在医疗保健领域为社会做出了重要贡献，而不是仅停留在作为电视节目的竞争对手的层面。最成功的例子之一是“沃森”提出的肿瘤解决方案，2013年以来它帮助医生为癌症病人做出最佳的诊断和治疗方案。在1000多个医疗案例中，99%“沃森”建议的治疗方案与医生的方案相一致，另外还有30%的选项方案是被医生所忽略或者医生不知道的。为了继续扩大健康领域应用的广度，IBM还收购了几家涉及医疗数据的公司。

“沃森”在现实中的应用远不止于医疗保健领域，它还被用于为公司做数据分析、数据视觉化、趋势预测等，另外它还帮助大专院校培训学生。IBM的目标是使用“沃森”帮助10亿人获益，并使“沃森”的营业额在2020年达到60亿美元。

虽然IBM是早期的深度学习和人工智能的参与者，但该公司需要加速技术强化。

苹果

苹果公司的iOS系统已经在其智能手机里使用了很多年。但是，很多专家认为在人工智能研发方面，苹果公司已经落后于谷歌和亚马逊了。在未来，谷歌和亚马逊很可能会主导AI操作系统。另外，不少人认为苹果的Siri个人助理要比“谷歌助理”和微软的Cortana落后很多，但Siri的用户量是目前全世界最大的。

苹果公司至今为止也没能收购特别重要的AI公司。而谷歌在2014年收购的DeepMind公司成为该公司在AI研发领域成长的巨大推动力。

但不管如何，苹果公司也收购了一些小型AI公司，也在最近一两年开始创建 AI 研究部门，并把人工智能作为苹果产品（包括 iPhone、iWatch、HomePod、Apple TV 等）的核心。苹果公司的 iPhone X 包含了一颗其自己开发的 A11 “仿生芯片”，来管理与 AI 相关的任务。这个芯片的内核是神经引擎，运行机器学习算法来增强 iPhone X 的许多新功能，同时可让 App 的开发者把 AI 功能做到 App 里面去。

阿里巴巴

2017 年阿里巴巴的资本开支为 209 亿元人民币，2016 年为 151 亿元人民币，同比大幅增长 38.14%。

阿里巴巴拥有 16 个数据中心，并计划在印度孟买以及欧洲开设新的数据中心。该公司还与英特尔在下一代数据中心合作使用 Xeon Scalable 处理器，以提高吞吐量并降低功耗。阿里巴巴的一个关键优势是在一系列领域内有效利用战略合作伙伴，包括与美国公司的合作。

不过，阿里巴巴的资本支出水平远低于美国公司，这可能会影响阿里巴巴在短期内的市场份额。阿里巴巴投资了 975 亿元人民币在阿里巴巴达摩院，加速深度学习和人工智能的技术发展。此外，公司还建立了多个基于人工智能的 “ET 脑” 服务，包括 ET 工业脑、ET 医学脑、ET 环境脑和 ET 城市脑。

阿里巴巴的经营范围比亚马逊更广泛，只要建立了合适的商业模式，云计算的收入就能实现高速增长。由于阿里巴巴在电商市场上具有绝对优势，这个市场将成为 2025 ～ 2030 年全球最大的基于 AI 的服务市场。通过其子公司和部分拥有的公司，阿里巴巴参与许多应用领域，有可能让该公司成为未来基于人工智能应用的全球领导者之一。

阿里巴巴已经建立了高效的货物交付方式，下一个主要产品是交付数字内容。已经利用机器人和机器学习的供应链物流专业技术，使阿里巴巴成为机器学习应用领域的全球领导者。

阿里巴巴使用 AI 技术提供个性化的产品推荐，大大改进了用户体验。另外，阿里巴巴还在仓库使用智能机器人来提升运作效率。据报道，在阿里巴巴的仓库里，70% 的工作是由机器人来完成的。这些机器人可以承载 500 公斤的货物，并使用传感器来避免碰撞。

阿里巴巴还开发了一种被称为试装魔镜和虚拟试衣间的人工智能服务，以帮助实体商店增加销售量。这个系统安装在服装店的试衣室里，试衣室的屏幕会通过嵌入在衣服里的传感器识别客户带进来的衣服，做出对样式、颜色的建议。然后，客户只需要按一个按钮，销售人员就会把根据 AI 建议所选的衣服送到试衣室。目前，中国已经有 13 家这样的服装店。2018 年 7 月，阿里巴巴在香港落地了全世界第一家人工智能服饰店——“Fashion AI 概念店”。阿里巴巴的收购战略，以及接下来对下一代技术的研发投资等，都使公司处于非常强势的地位。

腾讯

2017 年腾讯的资本开支为 115 亿元人民币，2016 年为 121 亿元人民币。腾讯在建设数据中心方面投入巨大开支，并投入巨资进行收购以拓展技术并建立战略合作关系。

腾讯云在中国、新加坡、加拿大（多伦多）和德国（法兰克福）设有数据中心。该公司还计划在新加坡，悉尼，美国的硅谷、圣何塞和圣保罗，英国的伦敦建立新的数据中心。此外，腾讯与 IBM 有着长期的合作关系，在多个地点建立数据中心并使用 IBM 服务器。

腾讯 AI 实验室拥有 70 名 AI 专家和 300 名工程师，他们从事游戏、微信研发等服务。微信的强劲市场份额代表了腾讯在与消费者的需求匹配上拥有强大的竞争优势。微信已经在中国被广泛应用，其用户数接近 10 亿，这使智能手机在社交网络环境中的作用显著加深。由于微信的巨大用户数量，腾讯公司拥有巨大的用户个人习惯的数据量。有不少专家认为，这些数据的价值，已经超过了百度搜索数据的价值，也超过了阿里巴巴的电子商务数据的价值，这意味着腾讯公司拥有极佳的优势来创造出先进的 AI 产品和服务。

腾讯投资了许多公司，包括 Barefoot Networks、特斯拉、Skymind、NavInfo（四维图新）、ObEN、iCarbonX，等等。腾讯在电动汽车和自动驾驶汽车方面的投资使公司对自动驾驶的参与度有所增强。腾讯的做法是进行战略投资，以获得深度学习和人工智能的关键技术。

然而，腾讯将需要增加资本支出，以优化公司核心业务之外的人工智能和机器学习的全部优势，主要是在游戏领域。公司所支持的视频游戏功能可以转化为对广泛的终端市场进行教育和培训的方式；未来，在线教育和培训将是人工智能支持的基础部分。

腾讯在很多领域具有很高的创新性，很可能成为大数据环境中的关键参与者。支持金融交易的能力包括人机对话和人与人之间的交易，可能成为腾讯提供服务的关键部分。

百度

2017年百度的资本开支为48亿元人民币，2016年为42亿元人民币。百度在中国的10个城市设立了数据中心，公司的重点一直在中国市场。

百度越来越多地使用机器学习和人工智能来从搜索引擎和其他服务中产生新的收入来源。百度发布的256核，基于FPGA的机器学习加速器XPU，是该公司试图加速其搜索引擎，并进一步将AI应用于其搜索的尝试。该公司还开发了许多开源功能，如基于CNN的移动深度学习使智能手机识别物体，测量推断性能的DeepBench深度学习基准工具，以及Duer OS会话AI。收购位于北京的Raven Tech（研发AI语音助理）和西雅图的Kitt.ai（研究自然对话语言引擎）公司，表明百度打算进一步优化其Duer虚拟助理。

除了投入增强现实、人工智能和深度学习等领域13亿元人民币之外，百度2016年还投入了210亿元人民币，用于投资创新型创业公司发展的中后期。百度还与中国联通合作，以联盟的方式保障高带宽连接。

百度AI部门由1300名科学家组成。长期来看，这可以成为公司的核心能力。

百度也非常重视自动驾驶领域，并开发了自动驾驶的操作系统软件。虽然百度难以在美国和欧洲拥有自己的操作系统软件技术，但中国自动驾驶汽车市场的增长速度却会很快。

对一些数据中心公司的分析表明，与中国数据中心公司相比，美国数据中心公司在扩大容量方面进行了更大的投资。由于 2030 年中国基于云计算的人工智能服务的潜在市场规模将会是美国的 3 倍，因此中国企业需要大幅度提高资本支出。

云计算公司的资本支出预计将在中期内继续增加，原因是数据量加速增加以及支持新服务的 AI 能力的增强，这些新服务代表着新的收入来源。在云市场的人工智能、深度学习正处于部署的早期阶段，可用的数据量、处理器和算法的分析能力正在大幅提高中。

百度正在提高其数据中心的能力，并加强其在云中的能力。该公司还正在进行战略投资，并建立参与自动驾驶等终端市场的能力。百度的搜索和数据汇聚功能预计将变得越来越重要。它于 2013 年在美国硅谷开设了它的第一家 AI 实验室。目前，百度公司的 AI 团队人数已经超过 1300 人。

大数据和人工智能相关的战略问题

中国国务院的目标是到 2020 年，人工智能产业总值将超过 1500 亿元，到 2025 年将达到 4000 亿元，到 2030 年将达到 1 万亿元。2017 年 11 月，中国研发的超级计算机数量已经超过了美国（202：143）。

目标已经定了，但是还需要建立实现这些目标的基础。

在中国，深度学习和人工智能的研发水平不断提高的同时，阿里巴巴、百度和腾讯在通过收购和投资获得新技术以及开发广泛的新服务方面非常敏锐。他们也需要为超大规模数据中心以及配套基础设施建立起完整的供应链能力。

中国正在投资建设智能工厂以及航空航天、轨道交通、新能源汽车（包括智能联网汽车）及其他能够利用人工智能的领域，使其能在全球具有竞争力。

2015 年，中国发布了“互联网 +”计划，将移动互联网、云计算、大数据、物联网与现代制造业结合起来，加快电子商务、工业网络和网上银行业务的发展，加强中国互联网的国际影响力。2016 年，中国推出了“互联网 +AI”计划，到 2018 年中国人工智能技术和产业与全球人工智能技术和产业接轨。

中国科学院投资 1000 万元，开发已经用于智能手机的寒武纪 AI 处理器。中科院的目标是使寒武纪的深度学习技术达到与 AlphaGo 同等的水平，但未来仅消耗 1 瓦的功率。

许多应用在中国已有数亿用户，并且已经采用了云计算的概念，例如阿里巴巴的支付宝和腾讯的微信支付，这些都不再需要使用信用卡。基于人工智能的三维人脸识别技术将成为购买商品和诸如交通、医疗及其他服务的补充能力。采用基于人工智能技术的自动驾驶技术，可以部分解决中国的交通拥堵问题，在这个领域的一些项目已经开始启动。人工智能也将改变中国的医疗体系，这一领域也已有了初期投资。

中国也正在建立其 5G 生态系统，到 2030 年可以为 10 亿用户提供低成本、高带宽的通信。实际上，中国在开发和测试5G移动通信技术方面已经领先于美国和欧洲。中国庞大的市场机遇与国内高带宽通信基础设施相结合，将成为支持深度学习和人工智能技术的关键催化剂。

正在开发的神经网络体系结构，与传统的冯·诺依曼处理器体系结构相比，具有更高的吞吐量和更低的功耗。到2025年，处理器吞吐量将增加1000倍甚至更多，包括英伟达在内的许多公司都有这个目标。在处理器性能方面做些软件上的小改进不会使从AI、机器学习中获得的价值得到充分发挥。要从AI和机器学习中获得最大的价值，需要优化硬件的性能。

拥有超过64个内核的异构多核体系的处理器结构正在开发之中，到2025年处理器内核的数量可能会达到256个或更多。

2017年销售的智能手机超过16亿部。智能手机新型处理器架构的开发，使研发者认识到基于神经网络的架构如何扩展数据中心的吞吐量。处理器体系结构代表了基于AI应用的最重要的硬件IP。美国在数据中心处理器体系结构方面的研发上至少领先中国5年。

活跃在处理器领域的半导体公司包括英特尔、英伟达、海思、高通、三星、AMD以及Graphcore等小公司。北京的寒武纪科技（Cambricon Technologies）公司从阿里巴巴获得资金；芯原微电子（VerSilicon）公司拥有用于智能手机的有竞争力的神经网络IP。

虽然谷歌和其他以数据为中心的公司也在开发新的处理器架构，但这些公司必须与半导体供应商合作，或者购买一家公司来实现它们的处理器设计。例如，亚马逊收购安纳普尔纳实验室；谷歌与博通就 TPU2 的供应进行合作。

因此，中国有必要制订国家级的新的处理器引擎研发计划，研发预算在前 5 年必须达到 330 亿元，在 10 年内达到 660 亿元。开发新处理器架构的指标需要基于 2030 年超大规模数据中心所需的吞吐量，而不是 2020 年需要的吞吐量。建立这些指标和基准非常重要。

中国还需要建立自己的存储芯片供应链。尽管中国正在进行最初的投资，但仍有必要加速开发具有竞争力的存储器 IP。

云计算市场中的深度学习和人工智能的生产力提升将会深刻地改变许多行业，为广大初创企业提供高增长的机会，同时提高现有公司的生产效率。需要提供一个让投资者愿意进行必要投资的环境，以建立坚实的硬件功能的产业基础，从而使新的基于 AI 的服务得以广泛应用。开始阶段的许多服务将以提高劳动密集型产业（如制造业）的生产力为基础，但是将出现涉及高度创新的新服务。许多中国公司在财务收益比较满意的环境中开发了高度创新的服务。

深度学习：携手大数据引领下一代人工智能热潮

深度学习是机器学习和人工智能的一个分支，它使用一些方法可以更有效地处理数据，并从数据中提取价值。深度学习，即深度神经网络（deep neural networks，DNN）是神经网络的一种，代表执行分析功能的算法（见图 2-3）。

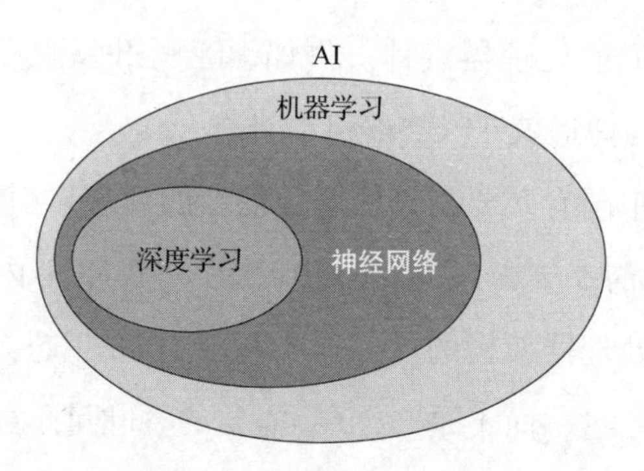

图 2-3　深度学习是机器学习和 AI 的一个分支

深度学习的理论和算法是由多伦多大学的杰弗里·辛顿（Geoffrey Hinton）在 2006 年提出的。之后，纽约大学的杨乐昆又做了卷积神经网络的研究。这些研究结果，显示了深度学习在语音识别和图像识别方面的准确度已经可以超过人类的平均水平（见图 2-4），这些突破性的成果引起人们的广泛重视，加上后来 AlphaGo 的成功，推动了新的一波人工智能的热潮。

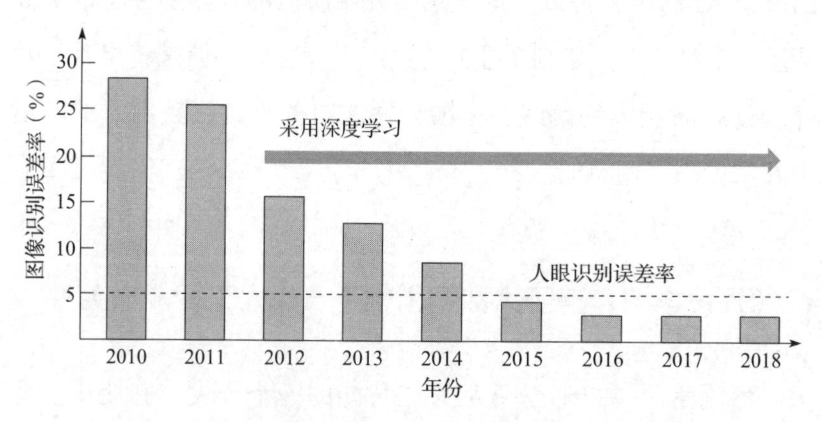

图 2-4　深度学习算法使图像识别的准确率超过了人眼识别

人工神经网络原来只有输入层和输出层两个层次，深度神经网络扩展到 3 层以上，即多了一个或多个隐藏层。今天，深度学习中使用的典型网络层数从 5 层到 1000 多层不等。DNN 具有比原来两层的神经网络学习更复杂和更抽象的高级特征。在图像识别应用中，图像的像素被反馈送到 DNN 的第一层，而该层的输出可被解释为表示图像中不同的低级特征（例如线和边缘）的存在。在随后的层次中，这些特征然后被组合成可能存在更高级特征的数据集，例如一条线被组合成某个形状，这些形状被进一步组合成一个形状组。最后，从这些数据中就提取出包括特定对象或场景的高级特征。DNN 的这种功能层次结构使得深度学习可以在许多任务中实现卓越的性能。

由于 DNN 是机器学习算法的一个实例，基本程序在学习执行其给定任务时不会改变。在这种情况下，所谓的学习就是确定网络中的权重（和偏差）的值，并被称为“训练”。一旦训练完成，程序就可以通过使用训练过程中确定的权重来计算网络输出以执行其任务。用这些确定好的权重运行程序称为“推理”。

目前大多数基于人工智能任务的决策过程都涉及人工输入。然而，DeepMind 等最新一代的深度学习和人工智能技术并不需要人为干预，而是利用机器内部的智能来采取适当的行动。通过更好的人工智能算法提高机器的智能化将提供许多利用机器功能的机会，但这也是人类将会面临的挑战，因为这种机器的有效智商将高于人类。

将来人类将无法理解机器的活动。智能机器自己学习并做出决定，还能够创建其他智能机器，这被认为是“超级智能机器”。到了人类不再参与机器决策过程的阶段，AI 将对社会产生根本性的影响。如果有专门的硬件和软件投资刺激超级智能机器的研发，那么到 2030 年这些机器将可能成为社会主流。

机器需要分析哪些数据是由人来指导的，而深度学习算法则聚焦于完成人所设定的特定目标。这与使用机器机械力量来建造高楼和挖掘隧道的概念是一致的。人类生活中还没有任何机器能够被有效地进行控制，除了处理化学反应的化学反应堆，如核能。

如果人没有给出要达到目标的明确指导，包括每个目标的相对重要性，机器的输出可能是不可预测的。例如，当脸书允许其聊天机器人（Chatbots）在没有任何人输入的情况下相互交谈时，这些聊天机器人就创建了自己的与人不相干的语言，因此脸书不得不结束了这个项目。相反，DeepMind 的 AlphaGo Zero 在深度学习中使用了强化学习的这个强大得多的能力。自学成才的 AlphaGo Zero 在 40 天的时间里学会了击败一个老版本的 AlphaGo 程序，而这个老版本的 AlphaGo 使用了 48 个 TPU，新版本的 AlphaGo Zero 使用了 4 个 TPU2。最新的 AlphaGo 使用了 4 个 TPU2。预计未来 10 年 TPU 的吞吐量将增长 1000 倍，这表明这样的超级计算能力（至少比当今最快的超级计算机高 10 倍）未来将让数十亿用户受益。

虽然机器学习过程仍然存在局限性，但是机器生成数据的能力对于在没有人工输入的情况下执行任务是重要的，这将对人类在社会决策过程中的作用产生深远的影响。

图 2-5 显示了与大数据相关的机器学习能力的趋势。

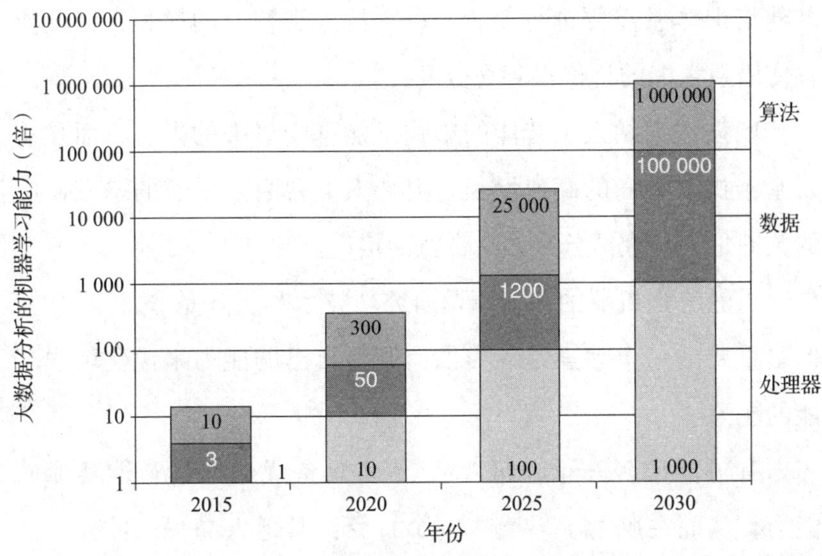

图 2-5　大数据分析的机器学习能力

机器学习能力，包括处理器和基于人工智能算法的性能的提高，以及生成数据的能力所造成的吞吐量，将比目前可用的吞吐量增加 100 万倍。就 2030 年人工智能技术的影响而言，这是需要考虑的一个指标。与 2030 年的未来智能机器相比，目前的智能机器的分析能力的增长是微不足道的。

只要有能力通过增强的 AI 技术处理和分析数据，数据量的增长也将补充数据价值的增长。

到 2030 年，上述因素的结合将使得中国、美国和其他一些国家的数据处理和分析能力呈现指数级增长。吞吐量的大幅度增长有助于增强智能的出现，增强智能开始时放在云中，但将来会存储在超级手机中。增强智能将人类的智商与机器的智能结合起来。虽然机器的智商在 2030 年以后将呈现非常高的增长，但关键的要求是人类的有效智商也要提高。目前的教育和其他培训体系需要进行变革，以支持人类智商的增长，以便能够使增强智能的价值得到充分发挥。

增强数据和人工智能的影响不能基于过去的做法，而是需要基于机器智商的高速增长。支持人类智商高增长的基础设施的关键是人与虚拟分身的高带宽的接口。

虽然增强机器的智商以及研究新技术和服务是非常重要的，但更重要的一个因素是人类如何调整自己的能力来优化增强智能的能力。

有可能出现一个“超人”，他将具备优化增强智能功能的能力，从而在脑力上转变成一个智商比其他人高得多的人。一些科幻小说提出过具有独特体征的超人概念。事实上，到2045年，超级天才或超级天才群体确实可能会出现，关键是这些人在社会中的角色。为了防止给社会造成颠覆性影响，可能需要控制智力提高，以限制人类智商增长的水平，例如允许智商最多增加到平均智商的1.2倍。这些与增强智能有关的规定将在未来几年内制定。

数据就是资产

数据的价值包括以下内容：

- 提高劳动密集型行业的生产效率
- 用分析来做广告

- 支持自动驾驶
- 增强娱乐业并从中获利
- 支持医疗保健

亚马逊和阿里巴巴使用数据和人工智能来提高其物流能力，大幅提高了生产效率和减少交货时间。自动化和人工智能的最初目标是降低人力成本，但是人工智能不仅达到了这个初始目标，它还使物流公司能够提供广泛的新服务。物流公司将继续提高其效率，因为货物的新型交付能力、自动驾驶汽车和无人机正日益得到广泛应用。

由于 AI 能够提供详细的分析报告和进行准确的预测，工业、农业、金融和其他应用的生产效率也在不断提高。在提高生产效率的同时，它还能够降低劳动力成本。

广告是数据汇聚公司（如谷歌、腾讯、脸书等）的主要收入来源。人工智能与数据的使用增加了广告的收入潜力，并允许处理和分析大量的数据，以提供有关消费者购买行为的信息。

未来自动驾驶车辆将被广泛应用，而 5 级自动驾驶需要强大的基于 AI 的算法以及非常高的处理能力。虽然自动车辆产生大量的数据，但当汽车行驶到一个新的位置时，99.9% 的之前生成的数据可能需要被丢弃。关于需要丢弃哪些数据的决策也是使用 AI 技术以及避免碰撞的重要因素。

游戏和超高清视频会为内容创作者以及管理广告插入的公司带来大量的数据和大量资金。Netflix 收入的增长是由于它能够传输内容，而其他许多公司也有类似的商业模式。Netflix、亚马逊、谷歌以及许多视频内容交付的新参与者也在内容生成方面进行大量投资，以控制其成本。视频和游戏的支持是采用基于人工智能技术的关键驱动力之一。

在医疗行业内，传感器技术需要增强，但关键要求是生成更多的数据并提高 AI 的能力。医疗行业一直在使用大数据进行研究，特别是在肿瘤领域。使用基于人工智能的技术，科学家可以更快地完成某些工作，如绘制大脑、绘制基因等。这些任务需要收集大量的数据。一旦绘制完成，进一步的研究是必要的，把这些发现加以实际使用（以及为换取利润的目的），并将其应用于医疗保健系统。借助人类完整的基因图和人工智能的能力，医疗行业可以提供革命性的个性化医治，例如为患者甲定制药物和为患者乙定制另一种药物。然而，这些功能的主要关注点是能够创建基因工程化的人类，其具有特定的身高、体重、眼睛颜色、头发颜色、智力等。

医疗保健将成为下一阶段深度学习的主要受益者之一，而 AI 将成为 2030 年及以后 AI 能力最大的细分市场之一。

许多通过使用强大的人工智能技术来更有效地利用大数据的应用，能够降低成本并为客户提供更好的服务。为提高生产力而采用新技术也是一种常见的模式。人工智能等新技术得到应用后，将出现一系列新的服务和产业。

生产力的提高需要伴随高度的安全性，这也需要人工智能技术。由于数据生成分散在数十亿个输入源中，所以在数据的生成、传输、存储和访问的每个阶段都必须保证安全性。安全本身就是一件大事，因为没有有效保护数据造成的经济损失将非常大。

像阿里巴巴、腾讯、百度等数据汇聚公司已经很好地理解了数据作为一种资产的概念。关键要求是扩大机器生成数据的来源，并提供分析和基于数据的新服务。

存储容量

要使数据在更长的时间内具有价值，数据就需要被处理和存储。图 2-6 显示了数据存储容量的情况。

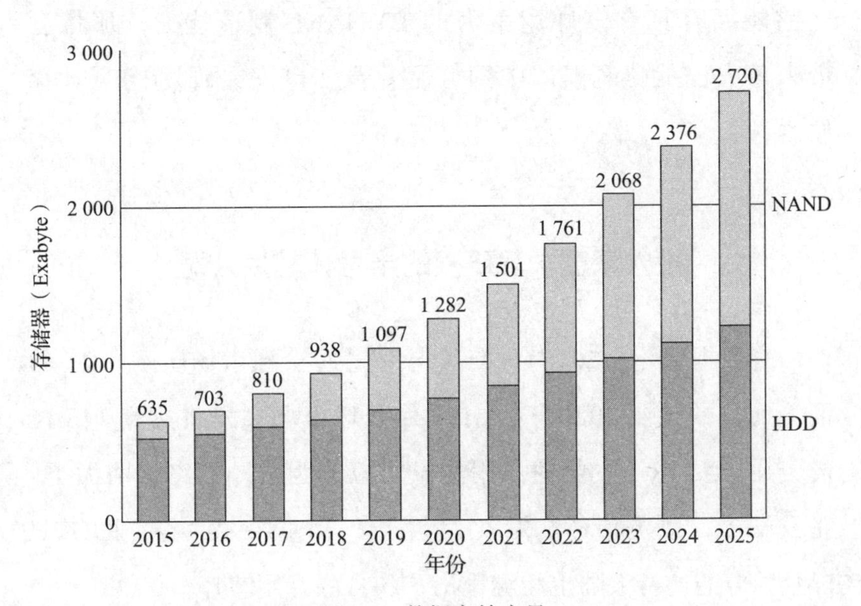

图 2-6　数据存储容量

数据存储容量的增长率很高。存储将继续分为固态硬盘（SSD）和硬盘驱动器（HDD）。将 SSD 的高性能、低延迟功能与 HDD 的低成本相结合是有好处的。

在数据中心使用固态硬盘的势头强劲，因为它们的功耗较低，延迟时间较短，但是对 SSD 容量增长的主要抑制因素是硬盘成本较高。预计到 2030 年，SSD 和 HDD 之间的千兆字节成本比将超过 10∶1，这是影响数据中心固态硬盘容量持续增长的关键因素。

三星继续在数据中心 SSD 市场占据主导地位，并在西安建立了庞大的 3D NAND 制造工厂。长江存储技术公司也正在武汉建设 3D NAND 闪存生产线，并试图利用在中国开发的 3D NAND IP，它现在已经研发成功 32 层闪存。中国如在 2030 年之前能拥有具有全球竞争力的 3D NAND 制造能力，那将会带来重大的战略利益。中国合肥、晋江也正在研发 DRAM 存储器。

投入深度学习研发的半导体芯片公司

有数据显示，2016 年 AI 半导体芯片全球市场规模为 23.88 亿美元，预计到 2020 年，AI 芯片全球市场规模将达到 146.16 亿美元。AI 芯片主要的使用场景可以分为云端和终端两大类。在云端上，以英伟达的 GPU 为主导，而英特尔、谷歌的 TPU 以及国内的比特大陆也相继推出了各自的专用芯片。

英特尔

英特尔（Intel）专注于数据中心和深度学习，2017 年其在研发方面花费了 234 亿元用于开发数据中心新产品。2017 年英特尔总收入为 4030 亿元，其中数据中心业务产生 1170 亿元。

英特尔预计未来大部分营业收入和利润将从数据中心获得。因此，为了在数据中心应用中保持高的市场份额，公司在开发新一代处理器方面正进行大量投资。

英特尔在 2017 年获得了占数据中心 96% 的 CPU 设计大奖，其市场份额高的原因是 Xeon 处理器系列的优势，再加上 x86 指令集在数据中心中得到了广泛使用。

但是，竞争还在加剧。如果 AMD 能够获得额外的财务资源，AMD 有可能提高针对英特尔的市场份额。AMD EPYC 处理器赢得了设计大奖，其中包括用于存储优化的微软 Azure Lv2 系列虚拟机。

有些数据中心尝试采用 ARM 架构，但是 ARM 厂商的市场份额较低，2017 年总收入不到 20 亿元，而高通的 Centriq 处理器却得到了众多客户的好评，包括互联网服务供应商。高通公司已经在 2017 年向超过十几个客户交付了超过 1000 台 Centriq 样机。

Xeon Phi 处理器采用英特尔的集成多核（MIC）架构，最新的基于 Knights-Mill（14 纳米）Xeon Phi 的处理器拥有多达 72 个内核。这些新的 Xeon Phi 处理器集成了 Nervana 深度学习加速功能，并支持最多 4 个并行的工作负载。

数据中心处理器的系列产品组合是英特尔的主要竞争优势，英特尔与先进的数据中心供应商密切合作，正在开发新的处理器架构，如 Cannon Lake（正在开发 10 纳米）。新一代服务器的开发是与英特尔处理器开发项目连在一起的。

英特尔开发了用于通信的全向通信架构（OPA），支持每个端口 100 千兆字节（Gbps）的带宽（OPA 支持 48 个端口），提供高吞吐量、低功耗和低抖动。OPA 还具有 100 ～ 110 纳秒的端到端交换延迟以及每秒高达 1.6 亿条消息的消息速率。通过提供处理器引擎和专注于 AI 功能的深度学习技术，英特尔正在采用优化数据中心性能和功耗要求的方法。

OPA 的竞争技术之一是 InfiniBand。最新的 InfiniBand HDR（高数据速率）具有 40 个 200 Gbps 端口或 80 个 100 Gbps 端口，90 纳秒等待时间，每个端口每秒 156 亿条消息，开发路线图的目标为 600 Gbps。

英特尔还对下一代高性能数据中心的光子技术进行重大投资。

此外，英特尔还在数据中心推出了基于 3D-XPoint 的 Optane 模块，以支持内存。Optane SSD DC P4800X 系列具有高达 1.5TB 的容量和带有高速非易失性存储器的 PCI Express（PCIe）3.0 标准。该公司在位于美国犹他州利哈伊（Lehi）的 3D XPoint 产品工厂拥有半导体晶圆产能，并将在中国大连建厂进一步提高晶圆产能。预计 2019 年，大连将成为英特尔 3D XPoint 的主要生产基地。

英特尔在多级存储技术方面拥有广泛的专业知识，包括不同的高速缓存级。通过开发和优化存储器与处理器架构之间接口的 AI 技术，数据中心的性能将得到显著提升。由于拥有处理器和存储器两方面的领先技术和生产能力，英特尔将有能力大大提高下一代数据中心架构的吞吐量。

英特尔计划将人工智能导入个人电脑，为开发者提供各种工具与资源。英特尔推动了“AI on PC 开发者计划”，让开发者充分发挥硬件功能，释放其在 AI 方面的潜力。英特尔在 2018 年年初已展示了一款新概念电脑：具备 AI 功能的双屏笔记本电脑。

英伟达

英伟达（NVIDIA）在大数据项目方面表现出高水平的创新能力，并且在推广基于 AI 的技术方面非常有效。

英伟达 2018 财年（截至 2018 年 1 月 28 日）的数据中心营业收入为 115 亿元人民币，而 2017 财年（截至 2017 年 1 月 29 日）为 58 亿人民币，2014 财年为 12 亿人民币（截至 2014 年 1 月 24 日）。在过去的几年中，英伟达的数据中心收入增长一直很快，预计公司在未来 5 年将持续从数据中心获得高收入。

英伟达最早的产品是 GPU，主要用于视频游戏系统如 Sega、Xbox 及 PS3。英伟达将继续从游戏应用中获得大部分收入。这些应用还需要使用基于人工智能的技术，而其中一些技术可以应用于其他应用，包括自动驾驶。英伟达在数据中心的收入主要来自用其协处理器的显卡以及配套的存储功能。

英伟达正在开发新一代 GPU 加速器，这些 GPU 已被称为“AI 芯片”，例如使用台积电 12 纳米 FFN 工艺技术制造的 Tesla V100 加速器，FFN 是一个为支持高性能应用而优化的芯片制造工艺。英伟达的目标是将每个新一代 GPU 引擎的应用吞吐量提高10倍，中长期目标是使吞吐量比2017年所达到的提高100倍。在2018年5月的GTC上，英伟达发布了HGX-2，其可同时用于高精度要求的科学计算和低精度要求的AI负载任务。

英伟达还开发了其高带宽接口技术NVLink，其吞吐量为每秒300 GBps（PCIe 3.0的吞吐量为32 GBps。）。

英伟达的硬件平台是针对深度学习和人工智能生态系统所开发的，这基于CUDA。CUDA可让成千个第三方机构为深度学习开发算法。CUDA是一个并行计算平台，具有用于机器学习的基于AI的编程模型，并支持cuDNN神经网络库。英伟达的深度学习软件开发工具包（SDK）可以与多种框架接口，包括TensorFlow、Caffe2、Microsoft Cognitive Toolkit、Theano、Chainer、DL4J、Keras、MatConvNet、Minerva、PaddlePaddle等。

此外，NVIDIA GPU Cloud是各种软件和硬件的互联网门户，并支持在各种云上的训练，包括Amazon Elastic Compute Cloud（Amazon EC2）P3实例、阿里云、百度云、谷歌云平台、腾讯云、微软Azure等。

英伟达还与包括亚马逊、脸书、微软、阿里巴巴、百度和腾讯在内的云供应商合作进行训练，使AI环境中的各种新应用变得可行。

迄今为止，已有1200多家公司开始使用英伟达的推理平台，包括亚马逊、微软、脸书、谷歌、阿里巴巴、百度、京东、科大讯飞、杭州海康威视数字技术、腾讯（为微信）及其他公司。

阿里巴巴、百度和腾讯也正在升级数据中心，为企业和消费者应用使用Tesla V100 GPU加速器。此外，百度云将部署英伟达的 HGX 超级计算机架构，并配备 Tesla V100 和 Tesla P4 GPU 加速器，用于数据中心的 AI 训练和推理。

百度也与其他协处理器厂商合作。该公司已经宣布计划在其数据中心用 Xeon Phi“Knights Mill”替代英伟达的 GPU，以实现深度语音自然语言处理服务。百度还与 AMD 合作，将其 Radeon Instinct MI 系列 GPU 加速器用于其云数据中心。

AMD 公司的 Radeon Instinct 正在受到很多厂家的青睐，它正在被 Boxx、Colfax、Exxact、技嘉科技、英业达、Supermicro 等公司使用。AMD 与百度、联想、曙光、腾讯和京东建立的合作对于在中国的云生态系统内支持 x86 指令系统是非常重要的。

英伟达正在通过其 Jetson 嵌入式计算平台以及基于 Tesla 的服务器和数据中心来推广终端计算。数据可视化则由公司的 Quadro 专业图形技术来支持。另外，英伟达公司用于 AI 智能城市的 Metropolis 终端到云端平台也由公司的 SDK 支持，其中包括 JetPack、DeepStream 和 TensorRT。

英伟达的 Metropolis 平台拥有超过 50 个合作伙伴。中国的海康威视、大华等智能视频分析公司，都采用了 Metropolis 进行安全监控，预计其未来会有强劲的增长势头。北京使用 Metropolis 来控制城市的灯光，而在其他城市地区，这种以人工智能为基础的技术也会有很大需求。阿里巴巴和华为正在使用 Metropolis 开发基于人工智能的应用，包括交通和停车管理以及执法和城市服务。Metropolis 也被用于金融、教育和机器人领域。

此外，英伟达与硬件制造商（如技嘉科技和丽台科技）合作，为客户提供低成本的供应链合作伙伴。与丽台科技以及腾讯的合作也使得英伟达能够扩大它在中国的深度学习机构，为开发人员、研究人员和数据科学家提供 AI 课程。

虽然英伟达迄今为止的重点主要是用 AI 进行深度学习训练，但公司也越来越重视推理应用。英伟达为终端计算项目开发了处理器和应用解决方案，其中自动驾驶是英伟达重点关注的领域之一。其他应用领域包括医疗和工业，医疗保健有很大的市场潜力。

英伟达非常有效地推动采用 GPU 来提高云计算的吞吐量，同时扩大 AI 技术所能支持的应用。英伟达在云生态系统迁移上的做法应该在中国的机器学习和人工智能领域得到模拟和使用，用以扩大可支持应用的广度，并产生新的收入来源。中国将需要开发类似于 CUDA 的功能来扩大可支持应用的广度。

虽然英伟达也面临一些公司（如英特尔和高通）的竞争，但是它仍在市场上领先一大截。如同 20 世纪 90 年代的微软 Windows，英伟达的平台现在已经被几乎所有的建造 AI 产品的公司所采用。

谷歌

谷歌已经积极开发支持机器学习和 AI 的硬件功能，它的 TensorFlow 有望成为深度学习主流框架之一。

由于第三方供应商提供的 AI 处理器不能满足谷歌在性能及功耗方面的要求，这迫使谷歌设计自己的处理器——TPU。

TPU 是谷歌为期五年的开发成果，目的是开发一种新的处理器架构以优化机器学习、AI 技术以提高谷歌语音搜索性能。

自2015年以来，该公司在其数据中心一直使用TPU，而它的TPU现已用于所有谷歌搜索查询业务中。

最初的TPU芯片产品工作在700MHz，功耗为40W，具有28纳米工艺特征尺寸。谷歌的第二代处理器（TPU2）用在Google Cloud，被称为“云TPU”，用于加速大量的机器学习和人工智能工作负载，包括训练和推理。一个TPU2内核具有16 GB HBM，45 TFLOPS性能，600 GBps内存带宽以及32位浮点运算（标量单元和混合乘法单元）。

TPU2带有4核TPU2配置，64千兆字节HBM，2400 GBps内存带宽和TensorFlow 1.2，可以支持高达180 TFLOPS。一个TPU集群（称为TPU pod）拥有64个TPU2，可提供高达11.5 PFLOPS和高达4 TB的HBM。根据谷歌的说法，如果用GPU的话，它们要用32个高性能GPU花一整天的时间，来训练用于大规模翻译的算法，而完成同样的训练，只需一个TPU集群的1/8（表示8个TPU2），一个下午就可以了。

在Google I/O 2018会议上，谷歌发布了第三代TPU，即TPU3。

谷歌还通过TensorFlow Research Cloud把1000个云TPU给了机器学习研究人员，以帮助加速开放式机器学习的研究。

云TPU最初可通过谷歌计算引擎（Google Compute Engine）获得，该计算引擎可支持AI生态系统内的高性能企业云服务。谷歌计算引擎还使用英特尔的基于Skylake（14纳米工艺）的CPU和英伟达的Tesla GPU，这使得TensorFlow能够支持很多种云架构。然而，有迹象表明，谷歌的长期目标是在CPU协处理器领域取代英特尔和英伟达，以提高性能、降低功耗及降低成本。

谷歌也正在推动基于 ARM 的云平台设计，并与高通和 Cavium 在这些架构上进行合作。但是，Marvell 技术集团正在收购 Cavium，而 Broadcom 则试图对 Qualcomm 进行敌意收购。

谷歌还为数据中心开发了 Titan 安全控制器，支持基于云的数据中心内的信任加密算法。

TPU 和 TensorFlow 是谷歌的重要项目，在众多应用的支持下，它们提高了数据中心人工智能和机器学习的采用率。该公司还在为下一代云架构开发新技术以及在数据价值货币化的服务方面投入大笔开支。

中国的 AI 芯片产业正在起步

根据 IT 桔子的数据统计，2017 年国内 AI 领域的投资事件高达 384 起，投资总额已经超过 622 亿元人民币。值得注意的是，其中计算机视觉领域共有 139 家公司获得融资，总投资额已经达到了 225 亿元。而投资者的目光也正在转向技术含量最高的 AI 半导体芯片，仅在 2017 年，就有数十家初创公司对外宣布要做 AI 芯片。表 2-1 列出了部分新创业的 AI 芯片公司。

表 2-1 部分新创业的 AI 芯片公司

时间	公司	金额	产品	投资方（收购方）
2016 年 2 月	阅面	数千万元	AI 视觉模块繁星	未透露
2017 年 3 月	云天励飞	数千万美元	AI 视觉芯片	山水从容传媒
2017 年 6 月	西井科技	未知	仿生类脑神经元芯片 Deepwell	复星同浩
2017 年 8 月	寒武纪	1 亿美元	NPU	国投创业、阿里巴巴、国科投资

（续）

时间	公司	金额	产品	投资方（收购方）
2017年8月	云知声	3亿元	AI语音专用芯片UniOne智能语音	未透露
2017年10月	深鉴科技	4000万美元	DPU“听涛”“观海”	蚂蚁金服、三星风投、赛灵思、联发科
2017年11月	Graphcore	5000万美元	IPU	红杉资本
2017年11月	Kneron	数千万美元	NPU芯片、SoC+IP模式	阿里创业者基金、奇景光电
2017年12月	ThinkForce	4.5亿元	AI芯片设计	依图科技、云锋基金
2017年12月	地平线	近亿美元	嵌入式芯片“旭日”“征程”	Intel Capital

资料来源：镁客网。

目前，用于云端的AI芯片市场已经被英伟达等美国公司占据了很大的市场份额；但百度公司在2018年7月宣布推出中国首款云端全功能AI芯片“昆仑”，其采用14纳米三星技术，性能达260 TFLOPS，功耗100+瓦特，支持paddle等多个深度学习框架。

另外，把更多的数据处理放在靠近数据源的设备端，减轻云的计算压力，也是AI技术的发展趋势。因此，中国的AI芯片基本都在尝试开发用于网络边缘侧的终端AI专用芯片，主要应用于金融、安防、物联网、自动驾驶等领域。

然而，终端AI专用芯片首先需要达到极低功耗，而这个要求与现有解决方案之间仍然存在巨大差距。迄今为止，还没有任何半导体芯片——无论是商用发布、原型、学术界进行设计还是开发中的芯片，能够满足低于100μW的功耗要求。然而，这正是终端装置需要达到的性能，因为它们必须依靠能量采集或微型电池持续运作很多年。

2017 年 12 月，在中国工业和信息化部关于印发《促进新一代人工智能产业发展三年行动计划（2018 ～ 2020 年）》的通知中，提到要在智能终端、自动驾驶、智能安防、智能家居等重点领域实现神经网络芯片的规模化商用。AI 芯片的研发对中国是一个非常好的赶超先进技术的机会。

未来的“忆阻器”产业

虽然基于 DNN 和 CNN 的深度学习算法已经可以超过人类的准确度，但是深度神经网络的高精度是以高计算复杂度为代价的。虽然通用的计算引擎（特别是图形处理单元（GPU））已经成为深度学习算法处理的主流，但越来越多的人对提供更专业的计算加速感兴趣。

“忆阻器”最先是由美籍华人蔡少棠教授在 1971 年提出的。当分别把电流和电压作为 *X*、*Y* 轴而划出 4 个象限时，其中 3 个象限可以对应电子学的 3 个基本元件——电阻、电容和电感，剩下的一个象限对应一种非常独特的电子特性，但是当时只能从理论上证明会有这样一种基本电子元件存在。直到 2008 年，惠普公司的斯丹 · 威廉在实验室里第一次做出了这样的基本元件，即真实的忆阻器（见图 2-7）。

乘法和累加操作可以通过忆阻器这样的可编程阻变器件，直接集成到非易失性高密度存储芯片中。具体来说，以电阻的电导为权重，电压为输入，电流为输出，来进行乘法运算。通过将不同忆阻器的电流相加来完成加法，这根据的是基尔霍夫电流定律。这种方法的优点包括降低了能耗，因为计算被嵌入

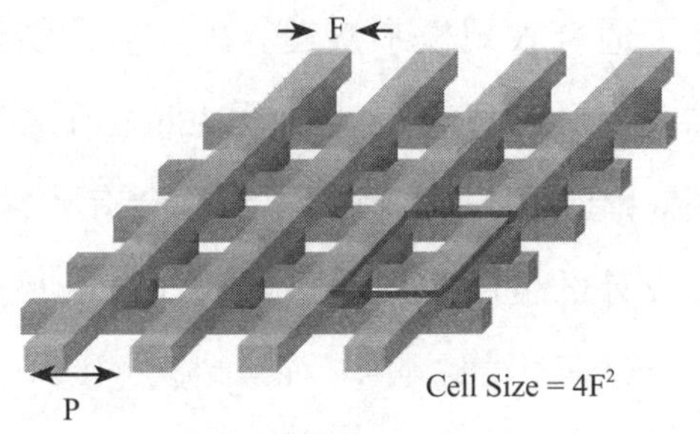

图 2-7　忆阻器：由大量“交叉棒”组成，不需要晶体管

到存储器中，从而减少了数据移动，并且由于在与 DRAM 密度相当的情况下，存储与计算单元集成在一起，从而使芯片密度大大提高（Computing in Memory，CIM 技术）。目前比较热门的存储器技术包含相变存储器（PCM）、阻变 RAM（RRAM 或 ReRAM）、导电桥 RAM（CBRAM）和自旋转移磁力 RAM（STT-MRAM）等非易失性阻性存储器器件。这些器件在耐久性（可写入多少次）、保留时间、写入电流、密度（单元尺寸）、不一致性和速度方面各有不同的特点。

忆阻器的阵列结构最适合进行点积乘法运算，而这类运算占了深度学习算法中的绝大部分。忆阻器组成的芯片因为不使用或很少使用有源器件，从而可以使芯片的功耗大大降低。深度学习提供了使用数字模拟混合信号电路设计和先进的 CIM 技术来提高效率的机会。当然，所有这些技术也应该结合起来考虑，同时要仔细了解它们之间的相互作用并寻找硬件和算法协同优化的机会。总之，虽然已经做了很多工作，但是深度学习仍然是一个重要的研究领域，为许多有前景的应用和各种硬件设计提供创新机会。

忆阻器除了适合大规模乘法运算外，它的结构也与基于脑神经元的 AI 结构十分吻合。因此，用大量忆阻器阵列来组成深度学习的 AI 芯片（称为“类脑芯片”），会有非常诱人的前景，也有各种硬件设计的创新机会。虽然现在已有很多研究团队做出了第一代含有忆阻器的 DNN（深度神经网络）芯片，但是目前还处在实验室进行小批量试用的阶段，它的大规模生产和商用还需要克服诸如成本、耐久性等许多难点。

其他

英国的 ARM 公司在设计低功耗处理器方面一直有很好的声誉。它已经宣布成功开发机器学习芯片，其将被用于智能手机及智能家居设备。它已把这项计划与包括高通在内的硬件合作方分享，准备在 2019 年上半年将这种芯片用于各种设备中。开发具有强大计算性能的终端侧 AI 芯片十分重要，因为这可减少对云端的依赖，减少与云端通信的来回时间，从而加快计算速度。它也可以让很多计算不用联网。对那些特别担心隐私泄露的人来说，很多私人数据就不用传到云而仅保存在终端。

其他公司正在投资开发针对云市场的处理器和半导体硬件功能，但实际情况是新处理器架构的研发费用可能超过 65 亿元人民币。除了开发处理器引擎之外，领先的云供应商还需要在这些处理器引擎中进行系统导入设计，这可能需要广泛的技术支持。新处理器架构的系统导入设计要比新处理器架构的开发困难得多，因此，过去以来，具有创新结构的小公司在建立可行的市场地位方面没有取得成功。对这些具有创新结构的小公司来说，一个较好的出路是出售。例子包括英特尔收购的 Movidius、Nervana Systems 和 Mobileye、Cadence 设计系统收购的 Tensilica，以及 Synopsys 收购的 ARC International。

许多半导体厂商也希望看到人工智能架构的融合，能够一起制定一个统一的标准和规格。脸书和微软曾发起过开放神经网络交换格式（ONNX）。20 多家厂商（主要是半导体供应商）也已经宣布了神经网络交换格式（neural network exchange format），它们认为该格式对芯片厂商来说比较适用。但这些标准的有些规格是否能成功实施，可能还有待观察。

在基于 AI 的环境中，多级云将需要不同级别的处理能力来进行训练和推理。由于处理器具有高度的战略重要性，早日成为处理器架构的全球领导者非常重要。处理器可以选择嵌入基于 ARM 的内核，而 Power 架构可以是另一种选择。

对处理器厂商的项目分析显示，2017 年美国用于数据中心新处理器架构的研发支出为 390 亿～ 455 亿元。中国这方面的支出不到 33 亿元，还不到美国支出的 10%。做一个快速的技术跟随者可以有一些好处，但是这种策略只有在跟随者能够接近全球领导者的能力时才有效。

建设高速铁路系统对于给人员提供高速移动性至关重要，但建设 5G 基础设施和大型数据中心将大大发挥人脑脑力的能力。因此，在 2030 年建立能够让中国的数据中心在全球范围内具有竞争力的硬件和基于人工智能的算法能力，是极为重要的。

第 3 章

人工智能在社会各领域的应用

人工智能是一种增强人类脑力的技术。工业自动化和许多设备工具已经取代了人类很多的体力劳动，而人工智能可以取代很多领域中人类的脑力劳动。增强智能是在人脑和集成了 AI 功能的机器之间协同作用的技术，是“人工智能 +”时代的主要特征。下面介绍的几个关键领域，就是人工智能和增强智能最能展现其智慧的地方。

制造业：所有车间都是“智能车间”

制造业包括智能工厂和数字分身工厂，这些工厂将在未来 10 年成为人工智能的主要受益者。

制造业是整个社会和一个国家的基础之一，对于一个国家来说，如果要成为全球领导者的话，那么制造业的重要性就不言而喻。

目前的工业化时代将继续下去。除了生产消费的商品之外，制造业也可让商品出口。出口可以产生贸易顺差，并使国家有能力支付进口，因此非常重要。

然而，工业基地的重大变化是，工厂的就业岗位未来可能会减少 90%，甚至可能减少 95%。到那个工业化阶段，增强智能和能够自学习的智能机器人将在没有人力干预的情况下独立运行工厂，如果要发挥全球领导者作用的话，这种工业化可以提供巨大的竞争优势。

如果农业的就业人数历史上一直保持不变的话，那么工业就业规模是农业就业规模的 10 倍。工业化阶段，农业人力被吸收到制造业中，并被提供了更高的薪酬。但是到了工业化数据阶段，采用了增强智能和深度学习，这个时候除非创造新的产业，否则不会再增加几倍或几十倍的就业岗位。随着采用智能机器人后制造业就业人数的大量减少，需要刺激、鼓励成立新公司，以雇用失业了的员工。

产业基础的强大取决于许多因素，包括企业家创办企业的积极性、获得启动资金、具备资金流动的能力、获得合适的人力，以及获得政府一定程度的支持。生产的产品也必须有一个能够产生良好财务回报的市场，从而让投资可以增加产出和开发新产品。在深度学习和人工智能方面出现的新公司，也需要像过去那样具有企业家的激情、合适的人才和投资者。

此外，还需要建设服务业，以提高人们的生活质量及提供更多的休闲选择。服务行业也可使制造业更有效率。一个例子就是金融和银行业提供资金，从而建立新的产业设施并增加工业产出。

然而，服务业不能代替农业基础，因为人不能不吃东西。另外，人们需要服装等产品，并且需要迁移旅行的能力，这样将使产业基础继续存在。货物的生产和出口也为国际贸易收支平衡提供了好处，使之不会出现大的贸易赤字。

中国将继续进口原材料。在电动汽车和混合动力汽车成为主流之前，将有进口石油的需要。另外，为了发电，除了使用可持续的能源外，还需要进口能源燃料。

有必要继续提高制造业的效率，把使用深度学习和人工智能作为关键的竞争资产。具有增强智能技术的智能机器人技术在工业生态系统中将是颠覆性的，它们可以极大地增强中国制造企业的竞争力。

服务行业也可以从增强智能中获益，但需要建立配套的基础设施。服务业可以提供就业和创造财富，但大多数服务业不会产生出口（部分取决于服务业的定义）。

服务业需要被视为制造业的补充，而增强智能将会让金融、保险和传统购物等许多服务行业大大减少就业岗位，甚至完全无须雇用人员。

人类还是有对各种物质和商品的需求。由人工智能和机器学习所提供的物流能力可以有效地进行全球分销和送货。

智能工厂代表着供应链生态系统的未来，它与工厂设施内的所有机器和系统及其供应商完全相连，可以在供应链内不断进行数据交换和提高效率。阿里巴巴、亚马逊及其他公司等已经建立的分销能力是未来模式的早期样板，在这里，一切都将在网上进行，无须人工干预。亚马逊 Go 的 3D 面部识别技术，将配送网点直接与自动化工厂相连，库存极少。这是下一阶段智能车间的发展趋势。

库存相当于现金锁定，是一种资源的浪费，而设立仓库，是对土地和建筑物的浪费。另外，还需要考虑把货物搬进和运出仓库的需求。消除或至少把出入库物品减到最少，应成为智能工厂和货物配送的目标之一。智能工厂不应该被视为孤立的设施，而应该被视为由机器智能和人工智能管理的完整供应链的一部分。

智能工厂可以设置在大量人口集中的地方的周围，以最大限度地降低物流成本，并使用自动交付机制和全自动化工厂。规划未来城市布局是非常有好处的，因为支持智能工厂与货物运输具有与雇用配送人员同样重要的战略意义。

智能机器人和自动驾驶车辆每天可以运行 24 小时，而人则需要睡觉。一个重要的需求是利用每天 24 小时可用的资源，这可以提高效率并优化可用资源。

“数字分身工厂”的本质是工厂的数字化，也就是把“虚拟分身”与“人”相对应的概念，扩展到与工厂里的“物”相对应。每一个物质资产（机器、机器人、部件等）和系统都有一个模拟其物质对象的数字复制品。来自每个虚拟分身的数据包含 3D 模型以及物质对象的软件和硬件组件，它使供应链和现场的文件共享变得容易，从而提高生产效率并可以追踪到目标。大型数字分身工厂也将为每个智能物质资产和每条装配线分别提供一个云，这个云可以成为企业云中的一部分，用于优化制造能力利用率。工厂也可以拥有自己的云，这个云分成好几层，每个云层都得到优化来存储和管理数据。

数字分身工厂的概念已经被包括通用电气、西门子等在内的多家公司所推广，但是成效并不一样。这是由于每个项目的精确仿真 3D 模型的复杂程度都涉及广泛的特征化描述，而这些复杂度的等级是不一样的。但是，需要大量投资建立虚拟分身数据库。随着全自主工厂的投入运营，数据库的价值将变得非常高。

通用电气公司通过使用虚拟分身技术，大大降低了成本和提高了产品质量。例如，在它们的 GE90 喷气发动机上，使用发动机虚拟分身的航班数据，为每个客户节省了数千万美元的不必要的大修费用；通过它们的 Evolution 机车的虚拟分身，把每次运行产生的燃料消耗和排放降到了最低，每年可为每辆机车节省 32 000 加仑[㊀]的油量和减少 170 000 吨的排放量。

在目前的环境下，实体工厂基本保持不变，虚拟分身被用来监控、维护和提高物件的生产效率，对跟踪物件在现场使用后的性能也有好处。例如，有了这个技术，就有能力跟踪喷气发动机关键部件的性能，并确定在故障发生之前何时需要更换。

虚拟分身概念与“增材制造”能够起到协同作用。过去的材料加工和制造，都是采用“减材制造”的方法，即使用一大块原材料，把它切割、刨削、挫磨、抛光，等等，最后成型。这些加工浪费了大量原材料。而“增材制造”采用相反的方法，原材料是粉末，根据需要一点点把粉末堆积成型，一点也不造成浪费，也省去了过去那些加工用的大型机床。3D 打印就是增材制造的典型例子。如果对已有产品只做较小的改变，就能使用增材制造方法做出产品的原型并进行小批量生产。这种类型的技术可以让产品私人定制成为供应链中的关键部分，而且无须人工参与。

一直有这样的说法，一个人能参与完成多个任务是人的一种资产，这归功于人所具备的判断能力。而现实情况是，在大多数工厂生态系统中，人的参与会导致效率低下。增材制造只是目前自动化工厂环境的一小部分，但这将在未来发生变化，因为随着基于人工智能和深度学习的使用，计算机辅助设计能

㊀ 1 加仑（美）= 3.785 升；1 加仑（英）= 4.546 升。

力将变得越来越自动化。智能机器人可以提供关于设计的关键特征的输入和虚拟分身的能力，虚拟分身将具有关于设备及可以制造该设备的工厂生态系统的全套数据。工厂可以完全自主运行。

增材制造的技术主要应用于制造相对简单的部件，但美国加利福尼亚州帕洛阿尔托的Nauto公司正在将这一技术应用于小批量汽车制造。另外，虚拟分身技术可以与建立全自动化工厂协同作用，在实体工厂建成之前就可建立下一代工厂的仿真模型。这可以提高新工厂的生产力和产生更多的财务回报，从长期和短期的角度可以看到最佳的规模。虚拟分身包含变量的数量可以大于当前的模型包含变量的数量。

如果把数字分身工厂的能力进一步扩展，那就意味着转型到完全自主的工厂。

“工业4.0”的概念对应于将AI应用于工厂的初始阶段。工业4.0在工人的生产效率方面提供了一些渐进式的改进，但是从长期的观点来看则是将从工厂中完全淘汰工人和管理者。

对于提高工厂效率来说，采用一种系统的方法是很重要的，但也有一个重要的观点，那就是将来人员会被淘汰。长期愿景将是采用虚拟分身以及有效使用AI和机器学习工具。长期愿景需要与有效采用自主工厂的未来技术和完整的供应链生态系统相关的长期规划进行配合。

在未来的汽车装配厂中，一台具有机器学习和AI的计算机可以管理下一阶段自动化装配所需的零部件的组合。在一个装配区，机器人将带有轮胎的单体车轮放在装配线上的适当位置。

之前，轮胎的排队时间是5秒钟，现在还不到半秒。每秒钟的减少都可以降低成本、提高效率。四个智能机器人将车轮放在车身上，并以确定的扭矩拧紧螺母，来固定这些车轮。汽车继续向下一个带有更多组件的装配区移动，各种智能机器人将特定零部件安装到汽车上，直到汽车装配完成。汽车已制造成功，但不被人看见或触摸。

此外，没有人驾驶这辆车，因为它是一台拥有自己的大脑和内置智能，并能够行驶100万公里的自主车辆。必要时，旧的或损坏的汽车零部件由另一个在维修站内的智能机器人来更换。然而，由于新型高性能处理器不断在开发以及更高性能的基于AI的算法也在不断出现，汽车的大脑比其他机械部分需要更频繁地升级。汽车的电子设备可以像智能手机一样频繁更换。管理车辆实时活动的软件也能得到升级。

这种工厂没有照明，整个车间处于黑暗中。而智能机器人主要在红外环境中运作，为完成某个任务而设定专门的机器人。这些智能机器人可以使用“飞行时间测距法”技术进行高精度的测量，这种技术也可使用红外光。机器移动时会产生噪声，生产线每周7天、每天24小时、每年52周天天工作，从不停歇。有智能维修机器人修理智能机器人，所有机器几乎处于永恒工作状态。

用于制造自主车辆的方法同样可以用于制造其他产品，从智能手机到洗衣机，到用于建筑的起重机。商品制造业是一个国家的骨架，要成为一个功能完善的国家，拥有强大的骨架至关重要。

当现有的生产线变得智能化时，它将继续运作。同时可以再建造一条新的生产线，这条生产线可能与旧生产线相邻，新生产线将拥有最新一代的智能机器人，其中包括最新的 AI 和机器学习技术。当这条新的生产线在几周内准备就绪后，旧的生产线将被关闭，其相关的机器人将被更新、销售或重新利用其中部件。没有人会因为这些机器人的关键部件被分拆而失去工作。利用得越多，浪费就越少，即使浪费也会由智能机器人来管理。

智能机器人将在设计和建造新的生产线的同时建造必要的工作机器人来操作生产线。整个过程由一个位于金字塔顶端的小团队在云端进行管理，在这个金字塔内将有一个机器人分层结构。

重要的是确定金字塔顶端的人是谁，以及是否真的有必要安排这些人。他们执行的哪些功能可以通过智能机器人完成？机器人的智商将高于人的智商。未来愿景可以给出高效率工厂的路线图，但是谁来管理智能机器人呢？

过去，成千上万的工人、管理人员、硬件工程师和技术人员参与了工厂的建设和运营，对于一些"巨型工厂"来说，可能有几十万工人。为安全起见，企业在设计工厂时需要考虑各种工作条件（空气、照明、温度等），同时也需要考虑工作人员的工作压力和潜在的生活区需求。未来，这一切都将消失。机器人不需要睡觉或休息。它们只需要更换旧的部件，并更新算法。

自主工厂占用的空间比人所经营的工厂要小，因为只需要小得多的配套空间。工厂内部占地可以比人所经营的工厂大，但包括食堂、办公室和其他地方的配套区域的外部空间可以更小。

中国在2017年购买了10万台工业机器人，而在2016年为将近8.9万台，2015年刚刚超过7万台。到2017年年底为止，中国具有45万台机器人的规模。最初的机器人提高了工作效率，为工人提供支持，但在工厂，人要支持机器人。到2030年，数以千万计的工业机器人都有自己的云和人工智能的能力，并将一起协调运作，生产许许多多不同的产品。到2030年，单个大型工厂的计算能力将比目前最强大的超级计算机高出100万倍，但更重要的是，软件和算法可以支持最重要的计算能力。虽然建立智能工厂的硬件生态系统非常重要，但中国面临的最大挑战将是构建软件生态系统。

此外，还需要有一台智能计算机来管理与机器人金字塔有关的智能工作机器人。虽然智能机器人可以自行管理，但是让它们在指定区域内操作，并且不出现影响其性能的错误以及没有病毒是非常重要的，这些病毒往往会导致功能失误。智能计算机将监视潜在的性能问题和安全漏洞，并确保合适的生产力指标得到满足。工厂设施内的安全性需求非常高，需要非常强大的防止外界入侵的防火墙。竞争对手或恶意黑客可以从远处非法侵入智能工厂而造成工厂的重大损失。有必要认识到制造环境竞争激烈，竞争并不总是公平的。

过去拥有大批高技能人才是中国的一大竞争优势。到2030年，竞争优势将来自拥有大量智能机器人，这些机器人将在中国的工厂高效运作，智能机器人的能力不断提高，成为同类中最好的。确保中国在全球竞争力方面处于领先地位将涉及使用人工智能和机器学习，而人类可以发挥重要作用。为传统工厂建立的供应链能力将成为向黑暗工厂过渡的主要竞争资产，而在全球工业自动化领域处于领先地位的智能机器人是保持竞争力的关键要求。

目前，中国拥有数百台超级计算机，中国拥有全球性能第一或第二的超级计算机。到2030年，超级计算机数量将达到数十亿台（以现有超级计算机的吞吐量为基础），同时也将联网，累计吞吐量非常高。2030年的超级计算机将缩小到智能手机的大小，而不是目前的比许多建筑物还要大。同时，它将获得相当于目前可用的超级计算机万亿倍的功能，这种高性能的计算机将被用于支持超智能的智能工厂。人工智能的使用也将对计算系统的整体吞吐量产生倍增影响，为其所开发的算法也需要在全球范围内处于领导者地位。

在自主制造的领域，人工智能的力量将会比起重机、挖土机和其他代替人的体力的机器具有更大的影响力。虽然与体力的类比可以让人清楚地看到未来，但重要的是要考虑到，智力计算的提升作用将远远大于过去的体验。除了为机器提供高水平的智能外，从机电的角度来看，建造技术领先的智能机器人将是非常重要的。智能机器人的运动和控制需要很高的精确度。虽然达到毫米级对目前许多机器人任务来说可能是足够的，但对于某些任务而言，则需要达到高达1%毫米的精确度。

有一种观点认为，2030年工厂机器人需要达到高端奢侈手表的精度，而每年其生产数量将达数千万台（每个机器人将拥有一批高精度的机电关节）。虽然智能工厂将拥有大量的智能机器人，但供应链中将会有一些非常巨大的机器人。例如，澳大利亚西部的力拓（Rio Tinto）公司已经使用自主挖掘机器来开采铁矿石，并使用自动车辆将矿石运送到长途航运地点。这些机器人非常大，其关键特征是力量。

有人预计，大型智能机器人也将建设大量的工厂，这些工厂将制造各种各样的商品。这些巨大的智能机器人将建造人类居住的楼房。然而，对于究竟由人来设计这些楼房，还是基于人工智能的机器学习计算机来设计这些建筑结构，还会存在问题。如果目标是达到最佳效率，那么最好的设计将由机器完成；如果目标是建造带有未来感的建筑结构，那么最好的选择可以是人和机器共同设计。但是对于人来说，获得智能机器是至关重要的。

使用智能机器人的概念适用于大型生产设施，也适用于单人操作。在巨型工厂中，智能机器人将需要作为一个团队来运作，但是在个人的设施中，例如制作特色饺子，智能机器人将需要低成本并且专门用于执行特定功能。在广大家庭中也将有数亿个智能机器人执行特定的功能，如看护、烹调和家庭清洁（智能自主清洁，而不是被动清洁）。

单人工厂的专用机器人能够生产大量的对于大型工厂来说不合算的产品。只要企业家得到支持，小工厂机器人也可以产生数以千万计的新业务。

除了在工厂使用机器人外，微型机器人还可以在人体内进行运作，提供病人身体状况的信息。微型机器人也可能被用于各种各样的专业任务，特别是那些很多微型机器人可带来好处的应用（无人机可以被认为是一种机器人）。

大型智能工厂所需要的大量机器人以及小型工厂和智能家庭的数亿个机器人将组成一个机器人制造业，这个产业将大于汽车工业。机器人制造业的关键问题是机器人将如何制造机器人。

虽然继续生产包括汽车、智能手机、高清电视等产品在内的各种商品至关重要，但机器人产业很可能将成为中国重点关注的最重要的产业之一。

虽然市场聚焦有助于加强中国智能机器人产业的竞争力，但是由于中国目前还处于相对落后的状态，因此加快技术进步的发展势在必行。目前工厂的做法是，人们控制生产一定数量的产品，这被认为是一种有效的经营工厂的方法。未来的关键趋势是，支持产出的供应链能力完全自动化；产出将与需求同步。采用这种方法，库存率和存储空间将保持在最低程度。

使用增材制造技术和带有机器学习的 AI 还意味着小型工厂运作者不需要拥有实体工厂，并且将能够利用某个通用型工厂（如同半导体产业里的“代工厂”概念）生产使用增材制造技术的定制产品。工厂可以由合同制造商拥有，支持仅仅需要制造小批量产品的小型企业。增材制造技术的提高非常重要，这可以扩大制造基地并且弥补由于智能工厂高度自动化而失去的就业岗位。

未来将出现专用代工厂型增材制造工厂，这类似于中国的半导体晶圆代工业务中的中芯国际集成电路制造有限公司（SMIC）。然而，台积电（TSMC）在中芯国际成立之前早就成立了，台积电营业收入超过 2000 亿元，中芯国际营业收入超过 200 亿元，也就是说中芯国际的营业收入仅仅约占台积电的 10%。此外，中芯国际的净利润还不到台积电净利润的 5%。有了这些晶圆代工能力，就形成了无晶圆半导体产业，也就是半导体设计产业。然而，台积电的高利润向人们展示了成为技术领先者，并以新的技术能力尽早进入市场的重要性。后面跟进者则一般收入低、利润低，财务收益远低于领先者。台积电创始人是出生于浙江宁波的张忠谋博士。台积电的产值在 2018 年年初已经占到全球芯片产业的 60%。他对于半导体产业的贡献是卓绝无比的。他在 2018 年 6 月退休。

因此，为了在 2030 年保持全球制造业领先地位，中国需要建立广泛的能力，包括增材制造、智能机器人和配套算法的完整供应链。只有具有了领先的制造能力，才能拥有可销售到全球市场的先进产品，并有提供制造服务的能力。

要成为增材制造领域的全球领先企业，就需要开发 3D 打印机，用于建造新产品，并获得这些 3D 打印机所需的材料。增材制造行业仍处于发展的初期阶段，有很多机会开发制造各种产品所需的新材料。现实情况是，尽管 3D 打印机市场是用于增材制造的，但用于增材制造的材料的市场规模可能是 3D 打印机的 10 ～ 100 倍。

人们将需要建立研究开发设施来开发利用 AI 和 3D 增材制造的新材料和未来式产品。企业家可以获取这些技术并利用新技术来生产产品。

社会正在进入大数据阶段，人们需要获得各种各样的产品，这些产品需要在工厂里生产并分售给消费者。因此，中国要继续成为世界制造业中心，而这将越来越依赖于人工智能和机器学习。我们需要特别关注所需材料的供应、自主技术以及成品的实时交付。

向自主车间和工厂的过渡及转型将分阶段进行，现有工厂的自动化程度提高是最初阶段。包括富士康精密工业（富士康科技集团）在内的多家合同制造商已经在增加使用智能机器人，目标是提高制造效率。

确定短期内哪些项目需要聚焦，市场力量非常重要。但是，有必要确定中国生态系统中具有高度战略价值的产品的优先级，以及在全球和中国市场产生强劲财务业绩；此外，还需要提供必要的资金支持，以建立基于人工智能制造生态系统的全球竞争力。从贸易平衡的角度看，制造产品可以提供重大的经济利益，但是对供应链的控制也是很有价值的。在制造业供应链方面，企业家也有很多机会可以发挥其作用。

中国企业参与到全球多个细分市场需要 10 年或 15 年的时间，这需要对全球需求和竞争环境有深入的了解。如果市场由于技术或竞争因素的限制而不能按预期发展，那么也需要能够做出必要的改变。虽然人工智能和基于机器的工具可以用来提供所需的分析功能，但是也需要从长远来看哪些是重要的愿景。

智能工厂生态系统是中国和其他国家的主要资产，因此竞争激烈。智能工厂还将有持续高水平的创新，它的一个轴心是更高效的商品制造，另一个轴心是创新，其决定人们和企业所需要的产品，并改进现有的产品。

中国有着大规模的市场，有大量生产新产品的机会；对创新的激励措施和奖励是至关重要的。

制造生态系统显然是通过机器学习和人工智能获得巨大收益的领域之一，这些领域中的智能机器人得到了培训（智能机器人不需要奖金之类来激励）来执行人类一直以来在做的任务。

金融业：智能金融是人工智能最大的应用领域之一

金融业一直是 AI 技术的早期应用领域之一，银行业是高度数字化的行业。数字货币也正在被推广，但是这些货币的可行性将取决于它们在银行系统内的应用和在主流金融生态系统内的应用，而不是游戏环境下应用的延伸。

支付宝和微信支付正作为中国有效的支付方式，中国在数字支付领域的应用处于全球领先地位。2017 年，非银行业务的手机支付交易额约为 129 万亿元，2016 年的交易额为 99 万亿元，2015 年的交易额为 49 万亿元。在加密技术十分安全的时候，移动支付是一种有效的交易方式；还可以通过适当的云生态系统对交易进行详细跟踪。

到中国各地旅行，不用现金已经成为现实，预计未来几年现金交易将以每年 10% 的速度下滑。与数字交易相比，现金交易隐藏了成本，更难以监控。

中国在使用数字交易方面已经领先于美国、欧洲和日本，这是中国的高度创新以及传统银行系统的低效率和浪费所造成的。对中国消费者来说，只要他们得到的好处是明确的，用户界面也友好和方便使用，他们就愿意采用新技术。

虽然美国有 PayPal、Apple Pay、Venmo、Square、Zelle 及其他的数字交易平台，但美国人仍然倾向于使用信用卡。美国在移动数字交易方面发展缓慢。由于美国建立的信用卡基础设施以及信用卡交易产生的巨额利润，美国采用数字支付方式的速度较慢，信用卡相关成本可能是信用卡交易购买金额的 2% ～ 3%，这代表了金融交易的低效率。0.2% 或 0.3% 的水平应成为融资费用的目标。

智能手机是在中短期内管理个人金融交易的一种选择，今后需要具有多个级别的云，包括个人云和虚拟分身。很大一部分人已经拥有智能手机，所以关键问题在于管理这些交易的组织机构，人们通过它们是否能很方便地存储和转移资金。由于阿里巴巴和腾讯拥有较高的市场份额，而且每个交易过程都有控制权，所以传统银行的作用不大。银行面临的一个关键问题是，它们必须继续管理许多现金交易，而这些交易的效率非常低，交易成本也很高。

数字货币的采用将进一步降低银行的需求和满足消费者需求的银行分行数量。传统银行系统的一个关键问题是需要建立数字时代的新功能，并计划在未来 20 ～ 30 年内淘汰传统的现金系统。使用现金的时代将会结束。

高度安全的 3D 面部识别技术也被期待在今后的许多领域中得到使用。3D 面部识别技术的使用可以加速交易过程并且可以提高交易的安全水平。3D 面部识别技术的一个关键问题是云中的数据库将会非常大，这将使得 AI 和机器学习成为关键技术。到处都有数据，再加上数据会生成更多的数据，使人们生活在一个数据海洋中。

交易结算资金在未来有可能成为中央集中式职能，中国人民银行正试图解决这个问题。关键需求是如何与阿里巴巴和腾讯已建立的支付方式相连接。从长远来看，一个重要的需求是建立一个集中的体系，集中的体系需要非常有效和安全。在未来，量子计算和量子通信的采用可以使安全性较目前的系统大大提高。

激励创新至关重要，但要确保市场有序，还需要一个顶层设计的方法。不管如何，创新将持续下去，包括金融交易在内的数字时代正处于开发和部署的早期阶段。

使用人工智能以获得非常强的云计算能力对于提高交易效率和追踪货币至关重要，这同时适用于个人以及金融机构、政府机构和国际交易。金融体系的全球化从长远来看是至关重要的。

使用人工智能的好处是能够比人对财务决策（包括投资）的影响做出更好的预测。为了解决金融交易的低效率，每年为许多金融机构创收数千亿元的银行业务需要被取代。这些银行业务给社会带来的好处并不大，但是却给银行带来了巨额的利润。

许多公司在许多业务结构中已经实现了完全数字化，这提高了其在全球市场运营的效率和效果。然而，财务数据的分析是由人来完成的，这种分析如果通过带有 AI 的机器来做，就要比人高效得多。世界四大会计师事务所之一的德勤已经宣布，将人工智能引入会计、税务、审计等工作中，代替人类阅读合同和文件。这也是一种人工智能的新的应用。如果公司已经使用了基于人工智能的财务分析工具，那么大公司所经历的意外损失，包括通用电气最近在其保险相关业务上的损失，都可以被避免。随着人工智能和基于云计算的金融建模的不断增强，金融行业预计将会在业务结构上经历许多变化。

国际金融和公司交易的法律环境可能受到深度学习和人工智能的巨大影响。专利检索、专利申请、寻找法律依据的文档搜索及其他方面正在越来越多地使用基于人工智能的搜索工具，使用人工智能可以消除很多还存在低效率的地方。法律领域很可能是广泛采用人工智能和减少律师人数的最后一个领域之一，这是因为许多法律已经制定，这些法律可以根据提交的因素和因素如何提交做出不同的解释。其结果是法律领域在发达国家得到很好的保护。但是，在法律领域有一些逐步提高效率的机会，因为虚拟分身的角色有望迅速增强。

包含增加知识产权产出和减少知识产权违规的企业法法律，是人工智能和云计算可以显著提高效率的领域。但是，需要建立知识产权数据库。

如果建立了所需的数据库，那么使用 AI 也可以增强仲裁的能力。在未来，法院的仲裁方案将由具有 AI 功能的智能机器做出，这将比人工判决更具公平性和合理性。

法律领域高度分散，没有哪个大公司可以通过建立大型数据库来获得巨额收入，但是这些数据库可以大大改变法律领域的结构。

机器学习和人工智能是提高金融界效率的重大机遇。金融机构一直是 AI 的早期采用者，包括使用复杂的算法来确定投资机会。尽管金融界内许多初始的人工智能项目都能帮助金融家进行决策，但未来的人工智能阶段很可能会消除对某些职位（如个人财务咨询顾问）的需求。然而，最大的机会是数字化金融交易和完全消除货币。

人在金融交易中的中介参与是一种效率很低的行为，消除这些低效率的工作将对社会产生积极影响。大型金融机构既然存在，就有能力建立大型的云生态系统，使金融业更有效率。法律领域与金融领域有所不同，因为许多领域的法律界分散程度很高，尚没有建立云生态系统所需投资的明确的路线图，而这种云生态系统能对法律界产生颠覆性影响。

医疗保健：虚拟分身和 AI 将变革整个社会

中国乃至全球的医疗保健行业将成为使用人工智能的最大受益者之一，同时还将获得虚拟分身和增强智能技术的有力支撑。建立个人健康的个人云，扩大与健康和医学相关的国家数据库将会对社会生产力产生重大影响。

然而，由于已经建立了严格的基础设施，美国医疗体系的变革进展缓慢，并且想规避采用新技术的风险。一项新技术必须经过充分的测试和验证才能被采用，因为这些新技术行不行将会直接影响到人的生命。个人的数据库可以被数字化，但这只是在医学领域使用人工智能和机器学习的一小步。在美国，保险公司的作用至关重要，与人的健康相比，获取利润的动机是最重要的因素。对诉讼的担忧也影响到采用新的治疗方法和建立新的医疗程序的决策过程。

因此，有必要了解人工智能和机器学习的长远利益，并把握健康产业的这些重大机会，而不是对现有医疗保健能力仅仅进行少许改进。

拥有大量关于个人生理指标和健康的数据样本，以及采用人工智能技术对数据进行所需的分析将提供预防和治疗疾病的能力，将对社会整体健康水平产生深远的影响。目前医疗系统的一个关键问题是缺乏分析大量数据的能力，但是基于 AI 的算法是解决这个问题的方法。还有必要建立一个系统，使医疗卫生系统的财务重点投入于改善社会上每个人的健康，而不只是在发现疾病后治疗疾病而已。

如果社会的健康状况有所改善，人类在 70 多岁、80 多岁仍有工作生产能力，就应该为社会做贡献，而不是成为社会的负担。人的贡献和需求需要根据社会结构进行调整。一个人工作 30 年后退休，然后接下来的四五十年成为社会的负担，这是不合适的。但是除非制定了有效的长期规划，否则人工智能和大数据可能会导致供需环境失衡。

随着基于人工智能算法的能力的提高，可以产生的数据量也会增加，从而提高数据的价值，并且对个人和社会的健康提供更好的诊断。治愈疾病至关重要，更重要的因素是早期预防疾病的形成和及时的健康检查。然而，要有有效的预防能力，就需要对每一个人生成大量的数据，并且如果寿命增加，个人的医疗保健成本也将增加，除非采用高效的方法来开发分析数据。虽然数据可以在企业云中传输，但是由虚拟分身实时分析数据比医生分析有限的数据能获得更高的价值。实时分析大量相关数据的能力是开发健康和医药新方法的基本需求。

虚拟分身还可以根据对现有数据的分析确定是否需要额外的数据以及需要什么类型的数据。如果患者的健康趋势是负面的，那么医生或专家可以访问患者的虚拟分身来确定需要采取什么措施，虚拟分身也可以执行相同的任务。虚拟分身的效率在于分析数据，提供的反馈可以比医生提供的数据更有效。

人体每秒钟可以产生数十亿比特的数据，但是这些数据是由云或虚拟分身来存取、访问的，这需要传感器在人体内外进行运作。考虑到人的神经系统的低能量消耗以及个体产生的其他刺激的低能量信号，目前可用的传感器技术是非常原始的。新的传感器技术正在发展，但考虑到个人和社会可以获得的长期利益，投资水平仍然很低。

现有的健身追踪器和智能手表传感器技术可以检测到心率和心脏颤动导致心脏病发作的可能性，但这些设备的准确性较低。健身追踪器和智能手表中的传感器的灵敏度水平随着时间的推移而提高，但考虑到提高心脏问题早期发现概率的潜在社会效益及市场，提高传感器性能的速度过慢。因此，开发新的传感器技术及支持信号调理技术及算法的市场机会是巨大的，这些技术和算法比目前提供的传感器的灵敏度和精确度高出 100 或 1000 倍。

在医院和医疗机构中使用的传感器比在消费者个人环境中使用的传感器性能要优越，但是也需要提高这些传感器的性能。一个例子是分析皮肤的体检状况以及可以从身体内部获得的图像（包括胃、肠和其他能使用微型摄像头的地方）所需的高度敏感的图像传感器和高性能图像处理器。

心脏监测传感器是最值得期待将有重大改进的例子，它检测心电图变化的技术将会有显著改善。最初的可穿戴设备让人看到它作为健身追踪器的好处，但是需要加速采用这些设备，以让社会拥有更高的生产力。

有人提出，从人体中的数百万个数据点可以获得相当准确的某种健康预测信号，但是目前尚不清楚传感器如何被放置和连接到人体内的各个点。但是，传感器可以编织成衣服，并且来自身体的热量可以向传感器提供能量。一旦穿上这种类型的 AI 衣服，就可以了解人体的基本情况。

由于需要汇集来自许多这样的传感器的数据，传感器还需要使用专门技术来分析数据源和云中的数据。超低功耗的无线连接技术可以连接可穿戴设备和智能手机。尽管需要改进许多领域的技术，但是如果人工智能分析能力的应用越来越多，那么带有现有技术的产品的性能也可以得到增强。

人体的超高复杂度是量子计算与人工智能结合的绝佳机会。量子计算已成为研究机构正在攻克的大型课题之一，现实课题是解决人体的复杂性。中国拥有超过 10 亿人口，人口老龄化问题是应用人工智能技术的重大机遇。

人体是电脉冲和化学成分的结合，许多疾病的特点是化学失衡。在这些不平衡问题出现的早期就解决它们是很有价值的，可通过改变饮食和运动来纠正这些不平衡，并通过使用可以进入身体的微型机器人以及通过常规手术来切除恶性肿瘤或治愈其他侵入性感染。

如果能够直接从丘脑探测刺激脉冲以及向丘脑发送刺激信号，那么对诊断和治疗脑部疾病会很有好处。需要新技术来实现这一点，人工智能可能是影响发送信号和分析接收信号的关键技术。人工智能和虚拟分身的一个目标是使用数据来生成所需的解决方案，让人恢复健康，并提高个人的生产力；这对社会和个人都有好处。

除了需要监测人的身体状况外，还需要监测人的精神状况。

在许多情况下，个人精神状况与化学不平衡有关。通过获得适当的数据，虚拟分身可以识别影响个人精神状态的化学不平衡，并通过向丘脑发送刺激信号以及潜在地改变饮食而自动采取纠正措施。通过获取适当数据而采取反馈的机制，可以对个人和社会产生重大影响。降低化学不平衡所引起的暴力和不良行为倾向的能力可以降低社会成本。心理和生理平衡的好处可以成为减少犯罪的关键因素，也可以提高社会生产力。

从技术角度来看，快速发展的领域是摄像机，利用基于人工智能的三维识别，可以观察到人的身体行为。然而，随着图像传感器和其他传感器的能力进一步增强，可以监测人的内部生命体征，这可能包括精神状况和身体状况。有了这些能力，一个人可以利用他们的虚拟分身，来根据预定的指标优化自己的身体状况和精神状况，这些指标可以随时间变化。另外，人们也可以选择自上而下的外部监控，以确保针对整个社会制定的标准不被违反。

事实上，医疗保健系统内的数据使用正处于开发和采用的萌芽阶段。一个关键的需求是提供给医生的培训，以支持建立大型数据库和分析工具。培训将需要以数据技术为主，医生有自己的虚拟分身和增强智能的能力，以满足他们的具体需求。目前医疗保健系统的一个关键问题是，由于医生在分析数据时带宽的限制而难以扩大生成的数据量。AI 通过实时数据分析解决了这个问题，但需要医生参与建立新的数据分析功能。与其他应用领域一样，人工智能和虚拟分身的初始阶段将提高医生的工作效率，但长期目标是用机器代替医生的许多工作。

构建全套自主医疗功能（包括传感器、模拟数字转换功能、高性能处理器引擎以及针对特定应用的基于 AI 的算法）以及大存储容量，需要很大投资。这方面的投资将在未来几年达到每年数百亿美元。在此期间，在虚拟分身和基于云的 AI 功能成为主流之前，还需要在偏远地区建立诊断中心，以执行诸如磁共振成像（MRI）等高级医学检测，并开发超高分辨率的成像功能。高带宽 5G 连接的出现可以使这些远程诊断中心连接到大型医院和医疗中心的 OLED 超高分辨率显示器上。

此外，还需要与医生和教学医院密切合作，建立检测和诊断程序。这些程序可在现有医疗基础设施内应用，然后用在新的分布生态系统中，还需要改进医疗基础设施，以便建立新的能力。到 2030 ～ 2050 年，医疗保健系统的变化将是巨大的，如果新技术得到有效应用，效益也将得到显著提高。

采取一些临时措施使AI更好地用于医疗保健领域，可以使医生做出更优的决策和治疗方案。这主要是通过AI在分析数据和推荐治疗方案方面提供支持。目前，肿瘤科医生和其他医学专家已经可以使用这种方法，但普通的执业全科医师尚未采用。对于全科医生来说，使用AI来改善他们的日常工作流程更为可行。医生花费大量的时间在填表等文书手续工作上，特别是与收费相关的手续（必须使用正确的服务代码来用于报销）和其他非常低效的工作。通过改进和整合文档系统（拍照、存储、访问和共享患者记录并获得最新的报销和付款信息），AI将大大提高医生办公室的效率，使医生有更多的时间与病人在一起，并把他们的技能更好地用于提供高价值的领域。

在过渡性人工智能环境中，医师的作用是根据数据分析对数据进行检查，对患者做出治疗处理并监控处理程序。在AI发展的下一阶段，基于AI的云诊断系统推荐给医生治疗方案，医生只需审阅批准这些方案并监测进展情况。到了第三阶段，医生将不再需要与患者进行实时接触，医生将参与研究和分析社会整体健康趋势，从数据中监测主要趋势。人工智能的虚拟分身能够处理的数据比医生多得多，并且在确定每位患者的最佳治疗方案方面优于医生。将需要基于人工智能的算法来提取关键数据，这些数据将大大提高了医生的效率。

人工智能在医疗保健业的应用是非常重要的。人工智能可以接手执行重复的任务，让医生等专家将他们的技能应用到机器无法完成的领域。

同时，还需要努力开发与皮肤以及身体内部接触的各种传感器。高频波也可被用于观察人体内部，包括大脑，并测量高度敏感的区域而不会对其造成任何损害。此外，还需要开发能够在人体内运作的纳米机器人，并利用体内热量作为能量支持它们完成任务。纳米机器人可以带有图像传感器和其他类型的传感器，将数据发送到外部接收器，然后数据可以被发送到个人云或虚拟分身以及企业云。

通过虚拟分身，一个人可以每周 7 天、每天 24 小时都得到医疗照顾。重点是分析基于一系列测量结果的趋势。由于人体在短时间内经历了许多变化，因此，有任何危险信号的指示，都能够实时分析数据并迅速做出反应是非常重要的。

医疗领域也将发生重大变化，重点是预防疾病，延缓衰老进程。这将可以延缓对于根治治疗的需求，延长寿命，并提高生活质量。目前，疾病预防仅限于经常监测其健康状况并且负担得起几乎实时医疗护理的个人。但只要建立了适当的基础设施以及适当的反馈机制，基于人工智能的能力就会被广泛应用，这种情况将会发生巨大的变化。培训 10 亿人使用新工具和利用新技术的好处，将是十分重要的。

到了人工智能阶段的预防医学将导致实时生成数以万亿计的个人数据，但处理这种复杂数据的能力正是人工智能的一个关键特性。这就需要建立非常大的数据处理能力（吞吐能力比目前高出数十亿倍），这可以在集中式云系统和分布式云系统中实现。

基于 AI 技术建立高水平的自动化或自主医疗可能需要二三十年的时间（2030 年将是一个起始阶段）。然而，更好的健康结果是人类的寿命更长、生产力更强，人的寿命可能会增加二三十年。人脑和虚拟分身、增强智能的结合，也将大大提高每个人的处理能力，从而提高生产力。因此，需要建立可以从人们更长的寿命和更高的生产力中获益的就业机会。提供增强医疗能力的代价将是非常高的，个人在年富力强、具有生产力的年纪为社会做出贡献是重要的。人口老龄化应该成为资产，而不是社会的负担。

大数据和人工智能在卫生和医药领域的应用策略不能只考虑短期效益，需要建立在长期目标的基础上，还应该考虑如何实现。对中国来说，没有任何外部基准来参照，因为美国和欧洲在短时间内不能有效地采用新的卫生系统数据库。中国需要根据其自己的需求和能力建立生态系统。就像金融界内部的数字交易一样，中国需要在中国社会环境的基础上建立领导能力。

在中国构建未来的医疗产业需要非常周密的规划，而早期阶段则是建立云生态系统，支持个人和医疗机构生成的大型数据库。更多数据的生成，将需要扩展基于云的数据中心的能力。宽带连接能力还需要建立在云端，以支持人口密度较低的农村地区以及人口密度较高的城市地区。

另外，需要构建具有大量传感器，对图像和其他输入信号具有非常高的处理能力的诊断中心。虽然大型诊断中心最初可能建在医院和医生办公室，但未来还需要扩展到农村和家庭。从长远来看，每个人都应该有自己的传感器生态系统，其链接到个人云、虚拟分身、超级手机和企业云。超级手机将成为虚拟分身的关键终端主机，随时随地与每个人在一起，并且可以成为去往云端的门户。

我们也期望智能机器人能够对人进行手术。虽然最初的方法是让这些机器人来帮助外科医生，但之后的方法是让机器人代替外科医生。外科医生可以监控机器人，但预计未来机器人的技能水平和分析能力将远远大于个人的能力。智能机器人也将被用于老年人和病人的家庭护理，这个部分应用可以引发智能机器人市场的高速增长。

因此，要清晰地认识到人工智能对医疗行业的影响，并且需要进行投资以建立优化这些效益所需的全套能力，这是非常有价值的。然而，心理健康问题以及生理健康问题都需要加以解决，一般来说，心理健康需要的传感器比生理健康需要的更敏感并且有更复杂的分析能力。

由于医疗行业高度分散，因此，企业家有大量机会建立小的细分市场，而大型数据汇聚公司也有机会在未来产生非常大的收入。谷歌公司将健康产业作为长期的主要目标，并在延长寿命和提高生命质量的能力上进行了大量投资，这一点非常引人注目。

随着人口老龄化，人们在健康产业方面投入了巨额资金，2016年美国这方面投入达23万亿元人民币（根据“医疗保险和医疗补助服务中心的国民健康支出账户中心”）。采纳AI技术对财政和社会影响都非常大。

对现有功能进行逐步增强是构建基于AI的诊断功能的第一步，但是这种方法无法使AI在医疗领域达到获得最佳收益的目标。AI在医疗领域的高效运用需要进行大规模的投资，其目标是到 2050 年有 99% 与健康相关的问题获得自主医疗支持。

尽管中国建立可改善医疗保健质量的基础设施和基于人工智能的算法至关重要，但同样重要的是确保老龄化人群产生的收益超过相关成本。

教育：让未来的孩子更加“天马行空”

随着大大优于人的智力和能力的虚拟分身的出现，教育方式将会与目前普遍采用的教育方式有显著不同。需要培训包括儿童在内的所有年龄层的每个人，以提高增强智能的能力，这些能力将在虚拟分身的处理能力和智力方面持续快速提升。在一个人的整个生命周期中将会有进行持续不断训练的迫切需要。

对于教育的一个重要观点是，如果虚拟分身已经具有特定的知识和技能，那么这个人就不需要在他的知识库中复制这些能力。对于所有年龄段的人来说，他们需要的是与其虚拟分身能力互补的能力。例如，如果虚拟分身能够非常迅速地计算复杂的数学问题，那么让人再来复制这种技能就没有多大价值。

虚拟分身最初会在游戏环境中使用，从而使玩家可以实时了解虚拟分身的功能，并激发投资者投入资金以增强软件和硬件功能。游戏玩家将从虚拟分身的支持中获得额外的技能，从而让他们玩更复杂的游戏。数以亿计的网络游戏玩家形成了一个可利用虚拟分身能力的强大的人群，对这些人来说，学习虚拟分身新技能的障碍是很低的。像电子竞技这样的游戏被采用，将会使虚拟分身的能力得到快速提升，因为玩家愿意花费大量的资金来提高他们的技能。

然而，虚拟分身的真正好处将在于对社会有益的领域，而不是在休闲领域。但是，实际世界比游戏世界需要更长的时间来采用虚拟分身的技术。

孩子需要了解历史，因为重要的是了解过去，才能够欣赏现在、预测未来。但是，教育系统所提供的历史不应该只是记忆过去的日期和事件，而应该以学习塑造社会的思想观念为基础。这种方法与 AI 提供过去如何影响未来观点的能力相一致。爱因斯坦有一句名言："不要去记忆任何可以通过查找得到的东西。"虚拟分身可以查找很多东西，所以教育系统讲授历史及其他学科，将采用与目前使用的方法完全不同的方法。随着时间的推移，人们努力学习和记忆的东西也随着虚拟分身能力的增强而改变。

类似讲授历史的观点也适用于数学。大多数的计算，特别是概率和统计，都用传统的数学方法完成。但是通过带有 AI 的虚拟分身来完成的话，要比人脑更快、更准确。生成的数据也可以通过虚拟分身来存储和检索，它比人完成有效得多。

因此，一个人需要不断学习新的技能和知识，因为这会提高人在虚拟分身环境中执行任务的能力。此外，随着人工智能功能的快速增强，需要考虑如何让人的参与度更紧密，利用这些增强执行各种各样的任务，这将需要人们不断学习，以便更有效地利用虚拟分身功能。

人们需要一套技能来骑自行车，而需要另一套技能来驾驶家用汽车；在 F1 比赛中驾驶一辆专业的法拉利需要一套技能，而驾驶一架超音速飞机则需要另一套技能。一套类似的技能将需要人在其有生之年随着机器性能的提高而发展。当前的环境以骑自行车为基础，从这个层面提升，而未来的学生将直接从驾驶超音速飞机的层面提升到更高层次。

其结果是，在未来10～20年中，为成人和儿童提供教育和培训的教育过程和学习课程都将发生根本变化。新方法的关键转折年份是2030年，因为高性能的人工智能能力届时将在中国社会的许多领域被广泛应用。

目前，许多教育步骤都是基于学生上大学并取得学位的能力。事实上，所需要的是一个有效利用人工智能优势的人力资源，高技能人才将能从人工智能中获得高的收益；技能较低的人不会从人工智能中获得较高的收益。因此高技能人才和技能较低的人的能力差距会越来越大。

在现在的社会中，人们可以借助乘坐高速列车快速出行，而对人类的脑力也可以采用类似的方式来加速提高。在教育过程中的一个关键问题是如何建立一套使用AI和虚拟分身的最低技能。企业、专门培训机构和主流教育机构，可以更新、提高与AI配合的脑力。公司的培训很可能基于这些公司的具体需求。为了与社会上的人工智能和虚拟分身有效配合，需要开发广泛的技能，这需要成为教育过程的一部分。

过去，每100年社会结构会发生重大的变化，这超出了大多数人的寿命。这意味着一个人从青年开始所学的技能可以用于一生。随着人工智能和虚拟分身的出现，社会结构的变化将每10年发生一次，如果要在社会上立足和做出贡献，一个人一生需要把自己的技能提高 8 ～ 10 倍。其结果是，在基于人工智能生态系统能力和社会竞争的环境中，需要不断提高教育水平和人的技能。

超级手机、虚拟分身、增强智能和虚拟现实功能的出现，意味着培训和教育不需要在教室中完成，其可以随时随地在高带宽网络连接的情况下完成。

虚拟分身的数据库和人工智能功能可以每天 24 小时实时升级，理想的情况是在人们睡着的时候，增强智能在自动升级。与有机脑组合的个人脑力将实时得到增强。如果得到有效管理，这将可以显著提高社会生产力。虚拟分身的硬件也将定期升级，这将增强虚拟分身的处理能力，并增加存储容量。

人工智能可能产生颠覆性变化的结果。因此，对现有教育方法进行长期渐进式改良是不合适的。关键是要确定人为了就业和具有生产力需要哪些技能。如果不开发新的教育过程，人工智能带来的大量好处将会消失。如果不充分考虑从人工智能中受益的人和那些不能从中受益的人之间的技能差别，那么就会在社会上造成重大的问题。

在采用人工智能的初始阶段，虚拟分身将接替一些琐碎的脑力工作，让人专注于更有创造力的脑力活动。随着人工智能变得越来越强大和被广泛采用，人们需要把他们所关注的任务提升到更高的抽象层次。就个人技能的复杂性而言，提升将会影响就业模式以及需要提供的教育和培训。

此外，还需要开发让人与机器学习算法接口的算法，这些算法起到了进入 AI 数据环境的桥梁作用。人们需要理解并能够管理增强智能的能力，这将需要新的通信工具。还需要使用基于人工智能的能力，因为虚拟分身的能力将远高于人类的思维能力。虚拟分身的能力将保持快速增强，而对人的智力来说，除非开发新的学习能力，否则其不会快速增强。

因此，信息的结构和信息的相关性应该成为深度学习和AI时代教育的主要驱动力。信息的相关性将由社会和个人在社会中的角色决定。一个很明显的例子就是智能机器人将取代工厂里的人，而那些下岗的人也需要在社会上找到其他位置。教育机构应该为这些新位置做好准备，但是在运用基于AI的技术上，不同的人有不同的技能水平。让人们学习更多的技能来提高他们的生产力，对于整个社会来说一定是有价值的。

乘坐同一辆列车的人将同时到达某个目的地。对于整个社会来说，一个选择就是对增强智能加以限制，使每个人的有效智商相同。管理人的脑力将是管理部分社会的有效方式。然而，这种方法不能优化社会从AI、虚拟分身和增强智能中获得的价值。

教育过程的变化和技能学习将需要在10～20年的时间内分阶段进行，但是在所教授的内容上需要进行顶层指导，否则AI的价值将不会得到优化。目前存在的用于教育儿童和成人的过程不能用来确定未来教育系统的结构。在AI和虚拟分身时代，将从满足社会的需求以及人们的需求出发，决定应该教什么、如何教。

最初的步骤是培训教师使之拥有新的技能，教师成为采用新的“人工智能+”的社会的关键资产。教师和讲师（教师培养年轻人，讲师培训成年人）的主要责任是为 AI 环境中的学习对象设计有效的课程。教师设计的课程将需要同时教授学生及其对应的虚拟分身。教师和讲师将需要成为社会上最聪明的人，因为他们有责任将复杂的概念和知识传授给广大的人群。

社会的奖励制度需要体现出 AI 环境中教育工作者角色的重要性。因此，教育工作者必须像领先企业的高层管理人员那样得到有竞争力的报酬；也需要实现和进一步提升教育工作者的高社会地位。

因此，教育工作者的选拔过程将需要改变。由于整个社会的 AI 阶段将会迅速出现，因此进行这些改变所剩的时间并不多。

中国能够有效地对复杂项目进行长期规划，因此中国比其他国家更有能力实施新的教育规划。中国也有采用高新技术的强烈意愿，尤其是在效益明确的情况下。美国和欧洲国家由于其强大的教育基础设施和高度官僚化的层次结构，所以其更倾向于保护管理者的地位，而不是优化教学过程，因此在采用激进的新概念方面处于劣势。在美国，资助教育的方法和教育系统中的权力结构将减弱采用人工智能所需的变化以及对虚拟分身和增强智力概念的支持。

精心策划和全面实施教育，将对中国在全球经济中的竞争力产生重大影响。强大的教育体系可以成为中国 AI 时代的重要资产之一。

教育系统将需要获取大量数据。因此，建立云生态系统以及高带宽网络连接具有高度重要性；还将有很多商业机会来开发培训材料，重点将是在线教育和培训，而不是在教室。虚拟现实技术的采用可以成为支持非城市中心地区的年轻人和老年人实时培训的重要资产；还需要立即反馈人们的学习情况，并利用虚拟现实技术进行实时有效的管理。

此外，还有必要刺激创造可雇用新毕业生的新产业，并雇用数以亿计因在制造业和其他行业内采用人工智能而失去工作的人。虽然市场力量是重要的，但比这更重要的将是管理经济和确保教育过程满足就业岗位要求。确保高水平的满意就业将是推广人工智能技术面临的主要挑战之一，而有效实施所得到的回报对于提高全球竞争力将是非常重要的。

采用广泛的人工智能技术和能力将需要教育过程做出根本性的改变。虽然整个社会要控制人类智商的不均衡增长（例如限制到人均智商的 1.2 倍），但个人的有效智商到 2030 年将增强到人均智商的 100 倍，到 2040 年增强到 1000 倍，到 2050 年增强到 10 000 倍。如果采取适当的教育措施，人类生产力的提高对社会的影响将是巨大的。一个关键的问题是，是以计划的数量来提高社会的有效智商，还是以人的内在动力和抱负为基础，让某些个人能够拥有相当广泛的能力。不管如何，通过 AI 达到的个人的能力水平将是社会和教育系统做出重大决策的依据。

农　业

人工智能已经开始影响许多行业，其中包括农业。随着 AI 能力的提高，农业领域的生产力将会大大提高。

人工智能在农业领域应用中的一个关键是如何提高土地的使用效率。土地空间实际上是一项固定资产，对于优化生产力至关重要。农业的大部分重点是强化农民的生产力，而关键是如何优化农业用地的使用效率。

农业有许多专业领域，包括种植农作物、饲养家畜和加工农产品，这些领域中的大部分都可以使用人工智能技术。然而，由于行业的分散，许多新的 AI 功能的大规模建立需要时间。而且，与包括制造业在内的其他行业相比，许多从事农业生产的农民会更不愿意改变现状。

欧洲，特别是荷兰，在乳业中积极采用人工智能，生产效率得到了显著提高。但是，欧洲和美国的青年人对农业工作的兴趣越来越低，因为他们认为这是一项相对回报较低的艰苦工作。然而，农业正在用机器取代体力劳动，采用更先进的技术，这需要新的技能才能吸引更多的年轻人。

人工智能生态系统中需要开发新的技能，自动化水平将会提高，这将使农业的许多部分成为资本密集型而非劳动密集型产业。因此，人工智能在农业方面的短期效益将是提高机器的生产效率，并确定哪些领域应该优先达到自动化。

此外，还将需要促进自然资源的有效利用，包括土壤、有限的水资源和其他资源的利用率，为了提高土壤、水等的利用率，将需要大量使用带有数据分析 AI 功能的传感器。这些传感器需要能够将其数据传输到云端。在这方面，窄带物联网标准（NB-IoT）已经越来越多地得到使用。

通过使用人工智能，人们将能够根据全国范围内的土壤、干净的水和天气条件确定在某个区域种植哪些作物，而不是根据土地的历史使用情况或根据哪种作物最有利可图来确定。鼓励创业是非常重要的，但是不能单靠市场力量来决定把土地用于种植某种特定的作物。

人工智能是一种能够在微观经济和宏观经济层面上都可使用的能力，它可以优化现有的农业基础设施，从长远角度来看，它可以以最有效的方式为社会提供食物和营养；还需要考虑与食品生产、加工、运送和回收垃圾等方面的就业模式有关的各种就业人口的因素。

农业是一个产业领域，要用长远观点来看待农业可用资产，这些资产在全球范围内的竞争力以及这些资产的战略价值。因此，农业资产将需要演变为使用基于人工智能的技术（而不是人）来确定如何优化土地的使用。

此外，还需要增加农业智能机器人的使用，智能机器人负责代替人力劳动，人员则管理这些机器人。通过使用机器人可以显著提高农业的生产效率，但是需要对现有的农民进行培训，以培养新的技能，从而使其能够使用数据做出适当的决定。机器人以及农业中使用的其他设备都是资本密集型的，因此需要优化某种机器人可以覆盖的土地面积，这就需要有效划分土地。如何充分利用土地，高效地利用高成本设备，这些将成为人工智能技术带来重大效益的关键领域。

未来有必要在地理区域基础上确定农业优先重点，在20～30年的时间范围内，把现有资产基础转变为越来越高效。但是与制造业等产业相比，许多农业部门的变化将是渐进式和比较缓慢的。

另外，食品供应链和分销已经越来越基于人工智能技术，亚马逊收购全食超市（Whole Foods）是这一趋势的一个关键标志。亚马逊 Go 技术是这一趋势的延伸。预计中国的物流企业将越来越重视食品的分销，把食品快递作为其服务的一部分，并期望效率将得到提高。它们可以向顾客提供有关食物来源的信息，让顾客选择这些食物如何加工等，以此来改善它们的服务。

可以使用红外线和其他传感器来确定产品的新鲜度、污染程度（如果有的话）和食品的营养价值。采用这种方法，购买食物可以自动化，这将大大提高购物者的效率。

据估计，农业采用人工智能技术只能达到其应该达到的效率的一半。如果在没有适当数据的情况下，采用人工智能还会做出错误决定，因此效率也会迅速下降。在现行制度中，由于农业的多样性和人力的重要性，因而需要采用高度系统化的方法来应用基于人工智能的技术，以此来达到高效率。

由于农业和食品生产（社会的重要组成部分）有很多分支，因此只要建立了适当的以人工智能为基础的生态系统并有一定资金，企业家就有很多机会为某个领域制订解决方案。

在农业领域，最好的办法是建立一个能够证明在某个特定地区如奶牛场提高生产力的测试项目，并随着专业技术的建立逐渐扩大采用范围。随着经验的不断取得，农民可以接受新技术的使用培训，建立采用新概念的创业方法。

随着人工智能技术的使用，农业生产力会随着时间的推移而显著提高，但所需要的时间跨度为二三十年，而其他行业则为 5 ～ 10 年。需要以长远的眼光看待人工智能在农业领域的应用，但有一些行业则需要采用比农业更积极的方式来使用人工智能。

安全和监控

在 iPhone X 智能手机中使用 3D 面部识别技术，将刺激并带动未来几年数十亿台其他智能手机采用面部识别技术。这将使基于人工智能的图像识别能力得到迅速提高，并促使成本大幅降低，从而使人们能够在广泛的应用中使用该技术。其他应用的例子包括购买产品时确保所购买的物品与正在做的广告中的物品相对应。

3D 面部识别或图像识别技术将被用于改进安全和监控以及交通、金融交易、医疗保健等领域。在城市的地铁系统中，由于面部识别技术可以识别个人身份，并自动为旅客提供通过支付宝、微信支付或其他数字货币实现的服务，因此旅客不再需要购买地铁票。

3D 面部识别或图像识别技术的应用，需要有一个覆盖了每个人的 3D 图像数据库的云基础设施，而这已经开始建立。云的处理性能需要足够快的速度，几乎可以实时识别一个人，并且以极低延迟时间将个人信息传输到个人所在的位置。

如果拥有一个包含了全国范围内每个社会成员的数据库，并具有基于人工智能的能力，就可以实时支持交易和其他活动，这将在很多领域提高效率。

体 育

人工智能和增强智能不仅仅是一种时尚或一个流行语，它们将彻底改变人类生活的每一个元素、每一个领域。其中一个就是体育运动。

人工智能让体育变成了“智能体育”。这是利用AI技术、传感器和物联网的连接，给运动员、教练提供运动训练改进的依据，帮助教练在比赛现场做出更好的决策。同时，还可以为运动员提供很好的安全保障，及时处理运动中发生的意外。

AI技术进步带来一系列智能的方法来改善运动员的练习和比赛方式，也就给运动员提供了竞争优势。利用虚拟分身和算法，可以帮助运动员跟踪他们的训练和比赛表现，监控他们的进步，并能够帮助各种体育项目的运动员达到和超越他们的竞赛目标。

可以肯定，很多人已经拥有或至少已看到手机里的健身APP或者是健身手环。但这只是“智能体育”最初级的产品。基于AI的智能服装正在兴起。在市场上已经开始出现智能T恤衫、保暖衫和长袖衫（如Hexoskin智能衣服系列），它们除了可以测量运动员在体育锻炼时跑步步数和步伐大小，还可以测量心率、心率偏差度、卡路里、呼吸率和呼吸量。它们还可以跟踪运动员的睡眠，测量整个晚上的心率、呼吸和睡眠时间。这种衣服分别制成男式和女式，外观和普通服装并没有什么区别。

除了可穿戴设备和智能服装，阿迪达斯现在还制作了一个聪明的足球，称为miCoach智能球，其中嵌入了传感器。传感器可以检测速度、旋转、打击和飞行路径，并可以通过 mi-Coach 应用程序将数据发送回球员的智能手机。球是一个标准尺寸的足球。令人惊讶的是，这个球踢了 2000 次之后仍有足够的电池，所以使用一个星期是没有问题的。而基于 AI 的篮球、排球、橄榄球、棒球等也都正在开发中。

人工智能也在影响高尔夫。Golf TEC 和 K-VEST 使用传感器及显示技术，向高尔夫球手提供数据反馈。Golf TEC 中的传感器测量球的发射角度、旋转速率、球杆速度等。显示器上的视频可让高尔夫球手从多个角度观察他的挥杆动作。K-VEST 测量高尔夫球手的臀部、肩膀和手，以提供关于身体位置的反馈，从而改进挥杆姿势。

把传感器芯片贴在运动员的制服和穿戴设备上，以及布置在体育场周围，这些技术可以产生更大、更有价值的数据集。由于这些技术与可以实时进行 AI 复杂分析的云解决方案相连，教练或体育组织可以利用这些数据发挥重要作用。这种 AI 的关键优势，将改变教练的教学方式、球员的训练方式和球迷观看他们最喜欢的运动的方式。

随着 AI 技术的演变和发展，许多流行的体育运动将会普遍采用 AI。这将会给运动员的训练和比赛带来好处。用老办法处理的录像将不再是一个分析球员表现的可行方法。体育界对 AI 的进步一定会感到十分兴奋，并愿意为这些变化付费。可以预见，在不久的未来，运动员的培训课程将把人工智能融入教练和训练中，“智能体育”将渗透到每个体育教练和每个运动员的日常训练和比赛中。“智能体育”也将带动起一个新的产业。

需要创造力的行业

电脑和智能手机已经在很多方面大大简化了人们的日常工作。例如，它可以帮助人们编辑文本、制图、计算数字，可以上网、聊天、处理照片、看电影，等等，带给人们极大的方便。现在的电脑和智能手机可以一丝不苟、按部就班地工作，但这都是在人的指挥之下进行的，它们按照人的思路和要求进行计算和处理各种任务。

到了"人工智能+"时代，智能手机转换成超级手机，它也能独立思考，发挥创意，带有创造力。例如，具有AI和深度学习的能力，智能机器可以自己自动写诗、写专栏文章、编剧本、作曲、创作广告图片、创作美术作品，甚至成为"发明家"。

真正能够做出这类创意工作的人才只是人群中的极少数。为什么这样的人才不多呢？有的人是没有时间，或者没有兴趣，而更多的原因其实是缺乏技能，因为人类的想象力是很有限的，如果没有一个适当的环境和工具，可能一些创新思路一辈子都不会浮出水面。

让智能机器来帮助人们做这些创意工作，首先要发明可以编成AI程序的创新智能算法。这种算法包含通用创新算法、创新搜索算法、创新决策算法以及创新分析算法。

通用创新算法是一个连接大量各种类型的字句、事物、概念、方案的规则组合。而创新搜索算法不像谷歌或者百度这样的搜索引擎——人们使用谷歌或者百度都期待得到原来期望的结果，创新搜索算法则会给人们提供很多有价值的创新思路和点子。

创新决策算法是另外一种非常重要的算法。人们每天都会做出各种各样的决策，这也是人类最基本的认知过程之一。而一个创新决策往往会产生意想不到的结果。创新分析算法利用了计算机的“周密性”和“逻辑性”，它可以把人们主观的判断变成客观判据，定量地来进行分析。因此，它往往会找出那些被人脑所忽略的有创意的事情。

可喜的是，这方面的研究工作目前已经有了很大的进展。研究者使用这样的算法，利用大数据和 AI 技术，让虚拟分身从海量信息和数据中提炼精华，然后让它写出书籍、报告和文章。目前，已经使用这样的技术成功地让电脑自动写出了非常详细的商业经济报告，以及供学生使用的教科书。

像虚拟分身这样的智能机器从互联网获取的信息是海量的，这方面远远胜过一个人自身掌握的知识，而这些放在网上的海量知识也正需要得到充分有效的利用。写书的作者的知识面是非常有限的，即使他参考很多网上收集的信息，收集的这些方面还是局部的。因此，利用虚拟分身写出的文章，创新程度和信息覆盖面是一个作家很难达到的。

创新智能算法里面含有图论、分类识别等技术，它可以用来编字典及自动编写包含各种语言的分类齐全的百科全书。而创作这样的字典或者百科全书，成本只是以前找很多专家来编写百科全书的一个零头。另外，基于 AI 的自动语言翻译技术也得到了应用。这种技术也已经取得了长足的进步，通过互联网，虚拟分身可以从全球各个角落获得信息和知识，哪怕这些知识属于小语种国家和地区的人们。

目前，这个创新智能算法已经在非洲一些国家的广播电台得到应用。它们让电脑自动产生天气预报，并编写农作物收成信息、害虫蔓延信息及自然灾害信息，等等。这些都是对当地居民很有价值的报告。

使用这个技术可以写诗。现在，研究者已经用它完成了 400 万首诗歌；再用一个第三方软件来评判这些诗歌的质量，以便确定哪些诗歌值得去出版发表。

如果你认为博士论文一定很有创意，那么利用这个技术的话，完全可以让智能机器写出一篇带有创意的论文。它至少可以为人们提供一篇草稿，作者可以依据这篇草稿，根据自己的风格做一些调整，这样就不会像从一张白纸上面写起这么吃力了。

在这个带创意的算法基础上，还有很多潜力可挖。例如，学生爱好足球或者芭蕾舞，那就专门让电脑编写出一本适合他们兴趣爱好的物理学教科书，描述关于足球或者芭蕾舞的物理学知识。这样的算法也可以用到机器人领域，它可以让机器人带有“创造力”，根据用户的需求来调节它的功能，提供完全个性化的服务，让这个聪明的机器人完成更人性化、更精准的私人定制服务。

随着 AI 技术和深度学习的飞速发展，带有“创造力”的虚拟分身和虚拟助理将会变为 AI 领域下一波的大目标之一。2018 年 7 月，阿里巴巴发布了每秒可写 2 万行字的“AI 文案”，它可以撰写广告文案。国外一些实验室正在开发能理解隐喻的程序；正在开发使用自己独特语言的机器人，机器人之间可以用这种创造的语言相互交流和沟通。还有人正在开发一种 AI 算法，能吐露出写小说用的创新点子，从而把这些点子串起来写成一部小说或者剧本。

这样的虚拟助理不但能够自我学习，还能结合环境自我修正。它能够针对人类遇到的种种问题提出带有创意的解决方案，这可以是一位站在舞台上的孤单的音乐家，正在使用机器人伴奏乐队为他做即兴伴奏；还可以是一篇人类难以写作、可以用于大型演讲会的演讲文稿。

从目前欧美几个研究所发明的初步阶段的算法来看，智能化所能达到的“创造力”有所不同。有的是给人们一个提示、一个思想的火花，给人带来某种启发。作家、作曲家、雕塑家、建筑师、舞蹈家、画家、设计师、科学家等可以使用这种带有创造力的电脑自动生成一段有内涵的文字或者一幅方框图、流程图、五线谱音符图等，他们都可以由此获得意想不到的创新点子和创新思路。

除了可以获得思想的火花，是不是还可以让人工智能做更多的创新呢？国外有位教授编写了一个很有趣的叫“画画的机器人”的软件。他让这个软件每天阅读报纸或者网上的文章来找到一种“心情”，例如感到“非常快乐”“快乐”“很大胆”“让人深思”“很郁闷”等。如果是一种“快乐”的心情，那么它会从 20 个形容词（例如“饶有趣味的”“亮丽的”“生动的”“多彩多姿的”，等等）中选出一个比较少用的形容词，然后会画出一幅达到这个形容词效果的图像。

从文字转换到图像，是用 AI 算法来完成的。现在的神经网络算法已经达到了相当高的精度，即它知道如何通过“训练”，把一个专门的词对应到一幅特定的图像上。这可以是一幅“热情奔放”的图像，或者是一幅“模糊含蓄”的图像。

如果想知道为什么会出现这样一幅图像，人们也可以通过这个软件去追踪其产生的过程，虚拟分身会显示出：“我认真阅读了这篇文章，读完后产生了这样的心情，然后我就选择了这个描述此心情的形容词。”

基于人工智能所创作的画（如根据心情或情绪由机器自动创作），甚至已经出现在一些画展里，它们被专家认为是“科学和艺术的高度组合”；也有人以艺术品的高价出售这样由 AI 创作的画，并大获成功。

当人工智能发展到第三阶段，基于 AI 写的诗歌与诗人写的诗歌、智能机器写的文章和作家写的文章就会变得难以分辨了，有可能会变得更有创造力。这是因为 AI 在很多方面要胜过人脑。例如，机器的存储记忆能力现在就已经胜过人脑，云端或智能手机里可以存储成千上万张图片、成千上万篇文章或者成千上万部电影；数据终端也可以扩展人的感官，例如通过 AR、VR、MR 等，可以把虚拟世界映射到现实世界中。

未来基于 AI 的智能手机或超级手机，可以在浩瀚的信息海洋里进行发掘，可以从虚拟世界里得到灵感。如果要创作一部科幻小说，只需把一些关键字输入进去，它就会对成千上万部科幻小说进行分析，提炼出章节结构和句子风格，再通过 VR、

AR和MR吸取相关的“灵感”，一篇全新的科幻小说的草稿就完成了。

如果要体现出一个科幻作家的个人风格，就需要利用这个智能机器的自适应和自我学习的功能。经过一次次“训练”，它会越来越熟悉作者的写作风格，完全达到个性化。

很多由AI创作的诗歌，虽然看上去是完美无缺的，但是还是带有“机器创作”的味道，它的风格与人写的诗歌还是有不同的地方。因此，带有创造力的机器的出现，并不意味着人类的创造力快要终结了，而是意味着人类有了一个很好的帮手，可以给人类引入正确的创作方向、扩大想象力、增强创新能力。

创造力（或者叫“创新能力”）是人类的天性之一。大部分人认为“创造力”和“人性”是纠合在一起的，“创造力”是人类思维的一个重要组成部分。但是，创造力也需要从小培养，和后天的教育制度也有密切联系。如果一直接受“填鸭式”的教育，一个人的创造力就会慢慢消失。不过现在有了弥补的方法，那就是借助于带有创造力的AI机器，来增强或者改进一个人的创造力。这种创造力不但可以体现在艺术上，而且也可以体现在科学、商务等领域。

这样的技术是不是把人类带入一个未来的崭新世界？也就是说，现在都要靠少数天才来完成的创意工作，未来可以让每一个人依靠具备“创造力”的虚拟分身，成为“天才”：每个人都可以成为卓有才华的艺术家，每个人都可以成为诗人、小说家、雕塑家、发明家、画家，等等。

其他行业

许多行业和应用都可以从采用人工智能技术中受益，采用人工智能优先级的划分应该以战略价值和财务回报为基础。重要的是建立能够让企业家和技术人员的才能在某个产业充分发挥的环境，因为在这种环境下，建立的云生态系统才可以支持新应用的出现。

无人机可以被认为是一种飞行机器人。无人机可以有很多AI应用的领域。虽然大多数无人机目前仍受到人的控制，但新技术正在出现，可以让无人机从它们的基站起飞并自动执行特定的任务，例如在没有人工干预的情况下进行地形测绘。

从AI技术中受益的其他行业将包括石油和其他资源的勘探、航空航天业、建筑业和智能家居。物联网技术正在逐渐开始应用AI，它也将越来越多地利用AI作为基础功能。

电器也可以从使用AI降低能耗和实现自主操作中受益。对昂贵的电器设备来说，通过AI技术提高可靠性和进行自我诊断就很有益处。电器设备通过自我诊断可以准确地确定哪些部件需要被更换。

机器取代人脑带来了益处。历史表明人类大脑的表现因人而异。即使在目前，有迹象表明，人类的大脑运作并不一定都具有高度的逻辑性。而人工智能可以做到高度逻辑性。

人工智能将成为一种普遍应用的技术，再加上虚拟分身和增强现实的能力，几乎世界上每个地区在未来几十年都将受到影响。因此，建立企业家和大公司能够迅速应对这些机遇的环境是非常重要的，并且需要提供资金支持来开发适当的技术。

建立一个大型的云计算基础设施是很重要的，这可以由很多企业以较低的成本解决。在这个领域建立初始能力的同时，还需要加快构建具有全球竞争力的生态系统，这需要对人工智能算法和配套硬件功能进行改进。

第 4 章

奇点临近：人类与机器将何去何从

基于人工智能技术的机器智商增长速度很快，到 2025 年，机器智商在许多任务上将高于人的智商（见图 4-1）。随着更多的神经网络处理器、量子处理器和更强大的算法被采用，在今后几十年内，机器智能在广泛的应用范围里的智商增长将远远超过人类智商的增长。因此，关键问题是整个社会如何在人类智商和机器智商之间找到互补的协同作用，通过培训等手段提高人脑的快速适应力，并有效地利用机器的超人智商来完成各种任务。

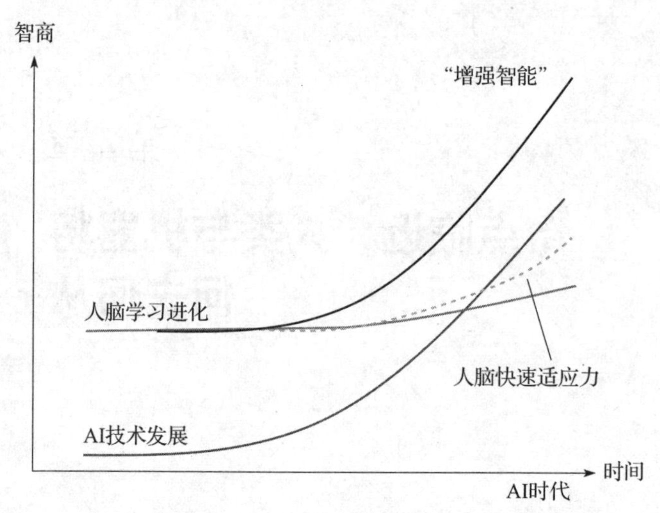

图 4-1 “人工智能 +”时代的人类智商和机器智商

AI 高科技公司的战略

概述

企业的目的是为投资者创造良好的财务回报。为雇员提供就业和公平的薪酬也是社会义务。许多大型高科技公司正在对 AI 技术做出大量投资，成立了专门从事人工智能研发的研发部门；而近几年新成立的小型新创公司，也以开发 AI 算法、AI 软件、AI 芯片作为公司的主要业务。新的 AI 产业正在形成。

人工智能的日益普及将为企业在数据生态系统的多个层次上带来诸多机遇。虽然人们现在对数据分析算法的机会看得很清楚，但生成数据和为最终用户接收数据的设备的领域也会有很多商业机会。

智能手机是生成数据的设备，就像健身追踪器一样。稻田里的传感器也会生成数据。未来将会有数以亿计的传感器在许许多多个地点使用。汽车内将装有数百个传感器，而在未来，人体内也将装有大量传感器。

产生数据的硬件设备市场将有非常高的增长率，并将为拥有领先产品的公司带来许多机会。

提供通信管道、数据路由和交换产品的公司也将有巨大的增长机会。商场如同战场，公司如同军队。在某些情况下，它们试图从机会明确的领域获益，但也可以进入需要被发现新机会的新领域。由于处于人工智能的萌芽阶段，企业在确定新机遇的定位时需要非常具有创新性。

谷歌、脸书、苹果、微软、亚马逊、阿里巴巴、百度和腾讯的战略包括建立大型数据中心并开发机器学习框架，这样可以对数据进行分析，以便从数据中获得价值。大型数据中心已经建立起来，在数据挖掘方面开展着大量工作，但是 AI 提供了更高水平的数据处理能力，因此可以分析更多的数据。此外，只要数据中心具有处理数据的能力，那么利用人工智能就可以生成不同类型的数据。

以数据为中心的公司已经从许多不同类型的数据中获取利润，其中包括广告、电影内容、游戏和交易。

一个关键的要求就是具有更强大的功能，以便从数据中获得更多的价值，这是AI算法所起的关键作用。公司专有算法以及用于从数据中产生价值的开源算法可以组合在一起，而从分析数据的先进开放平台中也可以获得竞争优势。

最初的基于云计算的数据中心群已经建立，但有人认为未来产生的数据量将远远大于迄今为止所产生的数据量。数据中心群的规模将大大扩展。同时，数据中心公司正在努力实现零碳排放。

人工智能高科技公司战略的另一个因素是获取大量数据，并保护这些数据不受其他人的影响。一个例子就是阿里巴巴从众多的服务中产生大量的数据，并且正在扩大提供服务的广度。尽管获得更多数据非常重要，但一家公司的一个关键目标是保护数据不受数据汇聚公司的影响，因为公开访问数据会降低数据对这家公司的价值，但可以增加消费者的价值。

亚马逊还从支持在线交易中生成大量的数据，其在生成内容方面做了大量工作，并且非常注意保护数据交易的安全性。腾讯、百度、脸书和谷歌也有类似的策略。

在大型企业的未来发展路线图中，除了数据之外，还要系统地增加大量的数据库，还将建立起数字货币交易和区块链。对供应链和交易的控制，将淘汰许多当前的金融交易模式。

深度学习和人工智能商业环境的一个特点是现有公司的竞争优势，这些公司已经建立了大型数据库，也建立了可以产生大量数据的生态系统。新进入到云数据环境的公司将需要建立自己的数据库，预计这将在许多专业领域内完成。虽然新进入者难以取代现有参与者在重点领域内的地位，但利用已建立的云生态系统的能力将允许为某个特定行业建立数据库。

一个例子是，航空业现在已经以数据为中心。虽然代码共享的概念允许特定的航空公司共享航班信息，但数据也可以为特定的消费者提供保护。许多其他行业也将拥有自己的数据库，将大量使用人工智能。当然，还需要高度的安全性来保护数据并确保交易安全。

人工智能和大数据汇聚公司将与有大量存款和众多客户的大银行有一些相似之处。每个客户都有自己的业务，但银行唯一重要的接口是所使用的货币。试图建立一家新银行的新组织机构将需要获得大量的财务资源，并且需要有能力在建立强大的客户基础方面花费大量的资金，但是随着新机会的出现，这一点可以成功地完成。货币是银行和企业之间的关键因素，而数据是创建数据的企业和汇聚数据的公司之间的关键因素。此外，现在的银行体系与 100 年前截然不同。而在大数据和人工智能的环境下，只需 10 年的时间，剧烈的变化就将发生。

建立大型数据中心和正在建立的增加产生数据量的方法，为许多公司参与数据货币化提供了机会。企业面临的一个关键问题是数据是透明的，因为数据是由数字组成的，任何拥有智能手机或计算机的人都可以访问与云相连的数据。但是，反过来讲，除非数据被处理和存储，否则其就会因没有价值而消失并被抹去。

智能手机将成为企业在大数据和人工智能领域建立新业务

的关键设备。苹果和其他公司通过将神经网络内核嵌入到它们的应用处理器中，可在它们的智能手机上使用AI。华为、三星、高通、英特尔和联发科正在采用同样的方法。

然而，苹果的竞争优势领域是其苹果商店，它授权各种应用程序（App），并引导客户购买应用程序，从而为苹果带来额外的收入。成千上万的小公司和个人开发了第三方应用程序，开发人员也可以以这些应用程序来创造收入。此外，苹果的ARKit功能为支持增强现实和游戏开发的应用程序提供了一个平台，这也为苹果和游戏开发者提供了额外的收入。苹果生态系统对于销售更多苹果产品非常有效。客户获得的基于iOS的应用程序越多，客户就越难离开苹果生态系统，这提高了苹果的销售能力和对客户的控制力，并允许苹果从智能手机市场获得高额利润。谷歌正在尝试在安卓社区中建立相同类型的生态系统。谷歌收购了HTC智能手机设计工程师团队，表明谷歌认为不但提供内容重要，硬件设计也同样重要。

谷歌也在不断增强对内容的参与，并有可能通过战略收购来增强对游戏的参与。

亚马逊还通过其虚拟家庭助理增强对硬件的参与，并构建其内容库。

迄今为止，中国在为生成内容而制作虚拟三维模型或虚拟现实模型以及硬件方面的项目并没有像美国那样先进，因为在一些关键领域，中国的技术广度还没有美国那样强大。

然而，中国正在加强其在智能手机领域的竞争地位，图4-2显示了全球智能手机供应链的一个视角。

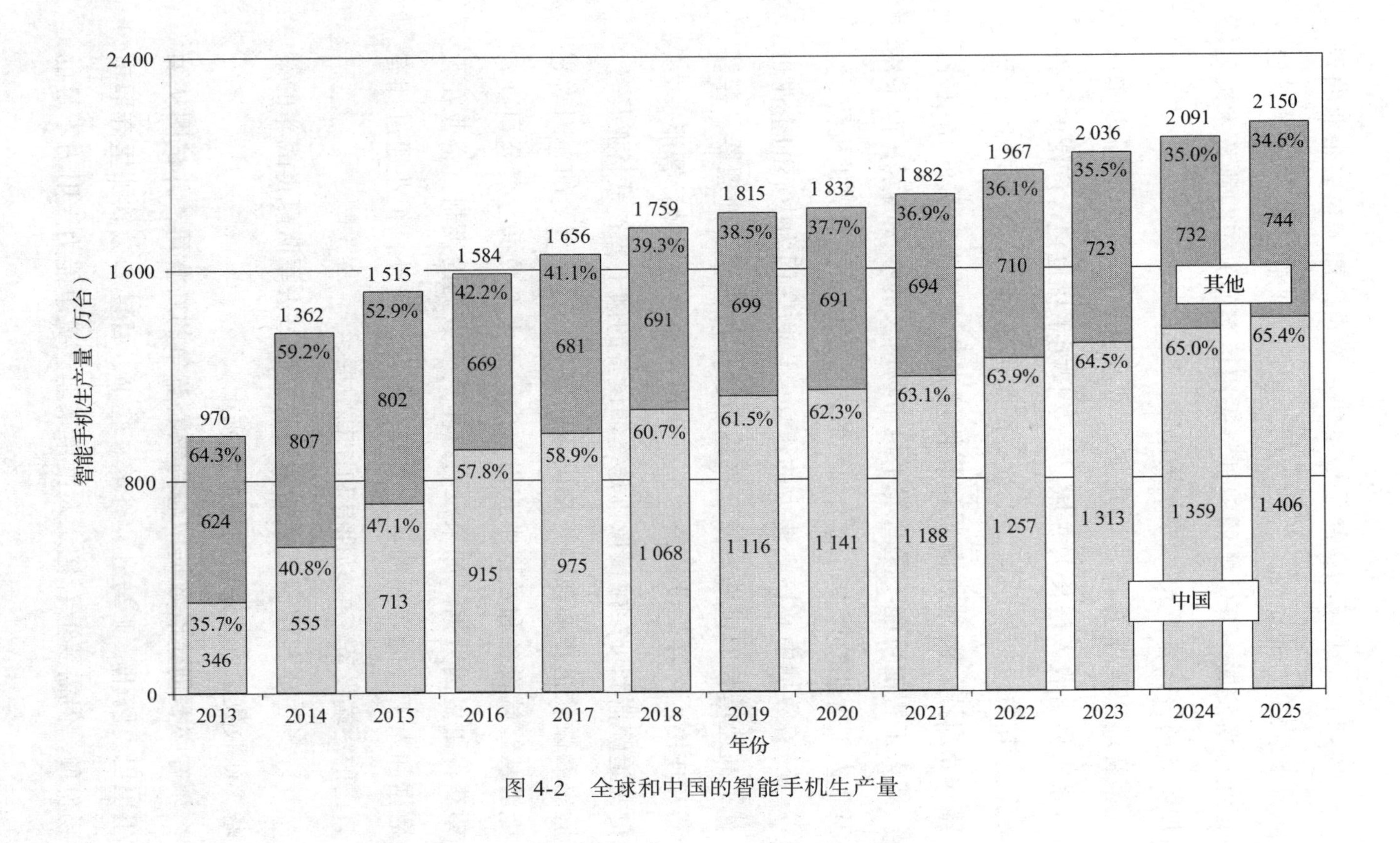

图 4-2　全球和中国的智能手机生产量

中国企业生产的智能手机量快速增长，加上这些企业的智能手机竞争力的提高，清楚表明了中国企业在一些关键领域里正在迅猛发展。下一步的关键是采用更多的人工智能技术来增加硬件销售，并扩大提供的应用面。

智能手机平台将成为几家公司采用基于 AI 的增强现实项目带来显著收入增长的领域之一。智能手机也包含广泛的硬件功能，其中包括显示器、电池、图像传感器、六轴 MEMS 传感器、处理器、调制解调器和其他可为公司带来收益的元组件。虽然人工智能可能不是智能手机市场增长的唯一因素，但采用基于人工智能的技术将为增加新收入和采用新技术提供机会。

随着数据中心核心能力的建立，以物联网为中心的企业也有了高速增长的机遇。物联网设备包括传感器、处理器、存储器和连接。可穿戴设备是一个有高增长潜力的领域，智能手表、健身追踪器和可穿戴摄像机是终端设备的例子。谷歌、亚马逊、脸书和微软正在加强对终端设备的参与，这是重要的，因为它能够从终端设备和数据中获得收入，而大型数据汇聚公司则希望获得更多的数据。如果没有产生更多数据的机制，企业在大数据和人工智能方面的竞争力就会下降。另外，企业通过拥有自己的终端设备，可以拥有和控制数据。

许多生成和控制数据的策略将复制过去军队赢得战斗的策略。征服数据流的供应就像征服领土。

有必要创建以数据中心为核心竞争的新公司，并试图从阿里巴巴、腾讯、亚马逊、谷歌、脸书、百度和微软那里夺取市场份额，但需要上百亿元人民币来建立竞争能力。财力不足的新公司可以通过参与终端市场获得快速收益，可以依赖于已有细分市场的某个大公司。新的市场分支可以提供更高水平的灵活性。

一个例子是一家专注于终端技术而成功的公司 Mobileye，它的创始人之一来自学术界。这家专注于自动驾驶的以色列公司开发了支持自动驾驶所需的处理器和算法，它的处理器很有竞争力，而公司的核心竞争力是它的算法。但是，如果没有处理器，Mobileye 的算法可能只会有较低的价值。Mobileye 最初的重点在于 1 级和 2 级的自动驾驶。Mobileye 最新的 EyeQ4 处理器支持 3 级自动驾驶。为早期进入市场，它们为自动驾驶的初期活动提供完整的应用解决方案，并获得一些关键设计奖，从而使市场地位得到提升。英特尔收购 Mobileye 是因为由此可以获得主要客户，同时可以得到 Mobileye 开发的算法。另一个使 Mobileye 受到重视的关键因素，是 Mobileye 在自动驾驶产生的数据的管理方面进行了大量投入。

Mobileye 计划成为自动驾驶领域的谷歌，如果 Mobileye 成功实施这一战略，它的价值将大幅提升。然而，特斯拉不希望 Mobileye 控制特斯拉汽车生成的数据，因而决定使用英伟达的处理器，并开发自己的处理器，从而终止与 Mobileye 的关系。其他汽车公司，如宝马集团、通用汽车等也可能想要对访问它的汽车产生的数据这种行为进行控制。

谷歌的 Waymo 项目以及百度、阿里巴巴和其他公司的类似项目也是基于终端数据控制的。

未来，能够利用其终端设备生成大量数据的创业公司可能具有很高的价值，特别是如果他们能够提供一些基于 AI 的数据分析，这就像农民种植果树来产出水果，卖水果可以产生收入一样。还有一个因素，即使果树有非常美丽的花，但在大多数情况下花比果实的价值低得多。数据也是一样——数据需要有价值，用企业需要的商业模式，可以从数据（由他人或由生成数据的公司提供）中获得价值。

值得一提的是，英特尔花费了 1030 亿元来收购 Mobileye，而此项花费是 Mobileye 年收入的 30 倍以上。

Mobileye 的一个关键特点是对特定领域（特别是在视觉处理方面）的领导能力的开发。这种特点也适用于其他创业公司。视觉处理的最初市场并不是自动驾驶，视觉处理被应用于特定的垂直市场，是在自动驾驶技术的出现之后。

如果没有使用 AI 技术的能力，自动驾驶就不实用，而自动驾驶的一个关键特征就是需要非常高的处理性能。许多应用将出现，这些应用都需要获得专业算法以及高性能的处理器。

其他小型初创公司正在开发 Cambricon、Cerebras 和 Graphcore 等专业处理器，虽然处理器的性能可能很高，但是除非把处理器用于生成数据，否则处理器的价值将很低。

在许多情况下，算法与处理器架构的特定组合可以比单独的处理器具有高得多的价值，而 Mobileye 就是一个例子，它开发处理器来满足算法要求。

中国应该建立类似于以色列的创新环境，来开发在终端生成数据所需的设备。终端内可能有数十亿个应用可将数据传送给云，而数十亿应用将为大型云供应商生成额外的数据，这将允许它们为监控数据建立新的模式。大型云生态系统的出现，可支持以低成本处理大量数据，这将成为在中国建立大量的终端设备和数据生成生态系统的催化剂。

与服务器数量相比，支持基于云的生态系统的数据中心运营只需要少量的人员，因为一旦建立了这些服务器群组，他们就可以不间断运行，不需要任何人工干预。虽然可能需要开发新的算法，但所需的员工数量将会很少。

但是，终端计算和终端数据生成将需要雇用数千万乃至数亿名员工，甚至可能是数以亿计的人，这是对创业公司而言会出现大量机会的领域。终端数据的生成环境将高度分散，可能包括医疗保健、农业和许多服务行业的众多机会。游戏和内容领域也将充满机遇。

石油工业的出现创造了数千万或有可能数以亿计的以终端为基础的机会。当石油最初用于照明时，这种机会是人们无法预料的。石油的一个关键因素是汽车燃料等具体应用的刺激，导致围绕汽车而涌现出大量的产业。需要用类似的观点来看待 AI 将会出现的终端计算机遇，而这种发展不能用现今受限的眼光来估算。

访问云就像访问已经建立的交通基础设施，它可以用来支持人员和货物的流动。使用已建立的交通基础设施的火车、汽车、飞机、自行车和其他形式的交通工具使人们能够在短时间内跨越很远的距离，而人工智能将为大脑提供相同的知识迁移及快速遨想。

另一个例子是在地铁站内设立的小商店，其中一些商店成长为大型特许经营店。其他商店决定保持小规模，并在市场的一个细分市场中运作，但是可能有数百万甚至数千万家小商店，每家商店都有员工。数据就像这些商店一样，它们驻扎在网络中的某处，因此可以在网络中创建许多小型企业。

高科技公司可以通过开发基于生成云数据的硬件、软件的专业应用，来开辟云中可利用的机会。

基于 AI 的数据生成生态系统的一个关键领域是传感器。智能手机上的图像传感器已经戏剧性地改变了摄影方式，产生了数百亿幅图片。虽然每年销售的数码相机数量已经从 1 亿台以上减少到不足 5000 万台，但数字图像数量正在大幅增加。然而，图像传感器和辅助摄像头模块仍然是高速增长的市场，许多智能手机拥有 3 个摄像头。

未来自动驾驶车辆将拥有 16 ～ 30 个摄像头，这将需要来自多个摄像头模块的图像组合为一组连贯的图像，其中需要应用图像识别算法。因此，成像技术预计将成为终端数据生成的重要领域，在那里将会有许多开发新业务的新机会。装置在高端汽车里的传感器数量现在已经大大增加。虽然汽车中的传感器数量还将会持续增加，但是到 2030 年，一个人身上所装有的传感器数量可能会比汽车上传感器的数量多出 10 倍甚至上百倍。目前中国有 14 亿人口，全球有 70 亿人口，到 2030 年产生的数据量将会非常巨大。

结合景深分析的新成像技术的发展代表了增强现实中的核心能力。游戏将成为采用增强现实技术的最初驱动力，其次是包括零售、超市、旅游和其他领域的新应用的出现。

机器视觉是另一个将有许多专业应用的领域，因为外观的变化可以提供重要的数据。例如，修复漏水的水龙头或治愈正在生长的肿瘤需要专门的超小型图像传感器和从数据中提取相关信息的算法，而这些也可以用于在最佳的时间监视水果的成熟度。只要开发了终端设备和算法，监控、采摘和运输水果就可以在没有人工干预的情况下完成。

人们还可以安装数以百万计的图像传感器，以确定大面积图像模式的变化。科学家使用卫星成像和算法来确定建筑工地区域的地理模式。鸟类和动物的迁徙模式也可以被监测，而关键是需要适当的图像传感器和配套算法，还需要汇聚和分析数据。

无人机市场是终端应用的另一个例子，在这种应用中，基于人工智能的采用和成像技术的改进，应用面可能会迅速扩大。消费者主要使用个人无人机执行特定的任务。无人机供应商和算法公司已经开发出允许无人机彼此之间通信的技术，例如使用英特尔的“射星”无人机队列用于娱乐节目。但无人机队列的长期目标是提供更高生产力的应用场景。

无人机需要有自主能力，如进入有许多房间的建筑物，并返回到它们的初始起飞点；一个无人机队列可以进入建筑物扑灭火灾或发现问题。无人机还可以进入森林寻找失踪人员或确定特定地点的蜜蜂数量。对这些类型的应用需要开发专门的算法，并且可以建立为实现某种任务提供支持的服务产业。

老年人和病人的家庭护理市场也将为图像传感器以及测量温度和其他信号的传感器提供巨大的市场机会。使用更多的传感器来确定一个人的健康状况和与智能家居机器人的接口将导致新的服务行业的出现，并允许现有的公司提供更多的服务。

另一个越来越重要的领域将是安全领域，这将需要开发新的安全算法以及增强 3D 面部识别的准确度。量子通信可以在数据传输过程中提供安全支持，中国是量子通信领域的全球领导者，并在北京和上海之间建立了初步的高安全性的通信联系。然而，这些数据还需要从源头上保证安全，这可能既需要软件的安全，也需要硬件的安全。

与目前的情况相比，2030 年基于人工智能的硬件、软件和服务行业将有更多的数据生成机会。然而，对人工智能的应用需要在硬件和软件技术方面培训数以千万计的工程师和技术人员，以开发新的数据生成终端设备，需要在这些设备中建立数据价值货币化的商业模式。人们还可以选择销售硬件设备，用其他方法把数据的价值变成现金。

孵化中心也需要让创业公司在较低的初始投资下开发新产品和服务。此外，这些孵化中心将需要获得专业技术，这些技术必须由政府资助的中国国家实验室开发。国家实验室对开发新技术非常重要，在人工智能发展的各个阶段应被视为中国的核心资产。

华为、阿里巴巴、腾讯、百度、大疆创新等中国大型成功企业都将从 AI 的机遇中受益。然而，从长远来看，中国公司要有效地进行竞争，不仅需要获得高度的中国市场份额，而且必须获得高份额的全球市场。同时确保全球市场和中国市场的竞争力是非常重要的。

大疆创新公司是一个全球化成功的例子。它通过领先技术和强大营销能力的结合，获得了无人机领域的全球市场份额的领先地位。大疆创新公司也领先于竞争对手，拥有有效的商用无人机和消费类无人机以及配套软件。其他中国企业需要在大型全球市场上开发类似大疆创新公司的业务战略，在这些市场中，软件技术在很多情况下比硬件更重要。

对于中国来说，许多小型专业市场也将是独一无二的，这些市场需要采用以国内市场为中心的战略以及开发数据生成终端设备。但是，几乎所有细分市场都将充满竞争，同时具备领先技术和创新营销方法是非常重要的。

与人工智能相关的应用将有数以亿计的机会，关键要求是能够高度重视既有高度战略价值又有财务价值的领域。

云视窗

云是数据的储存地，为来往于云的数据传输提供高带宽网络是非常重要的。云数据存储可以分为在线存储（频繁访问）、接近在线（很少访问）或下线（进行灾难恢复时的归档和访问），因此需要分层存储结构，并且数据分层结构的每个部分都具有高度的安全性。在线存储的数据（高优先级数据）越来越多地存储在 NAND 存储器中，接近在线的数据存储在硬盘驱动器（HDD）中，而下线数据存储在 HDD 或其他介质（如磁带）中。为了全面掌控云生态系统，中国需要具备 NAND 和 HDD 的制造能力，这将耗资 1000 亿元以上。长江存储科技的项目就是尝试打造 3D NAND 晶圆的能力。

“云视窗”是指任何可以访问云的设备，例如智能手机、个人电脑、平板电脑、游戏控制台和其他设备。目前有近50亿部智能手机和普通手机正在使用，对每个用户来说，访问云已经是基本要求。

机器到机器的通信带宽很高，但智能手机等终端机器代表了云与人脑之间的缓冲区，这限制了人类可以接受的数据量。它几乎就像一个可以打开和关闭的水龙头，但这还受到管道尺寸的限制。但是，如果建立了适当的基础设施，5G通信技术将提供比当前可用的更高的带宽。人的输入信号是通过各种感官来完成的，听觉具有有限的带宽，视力（图像或数据的图形表示）传感器可以提供相对较高的带宽，也可以以触觉信号作为输入，但触摸传感器提供的带宽很低。

诸如语音命令和语音识别之类的技术也用于云视窗中。云视窗未来可提供比当前可用的更高的带宽。开发一种不以传统的人与人之间的理解为基础的新语言，对于AI时代来说是非常有益的，因为能提供比现在更多的信息的需求。新语言需要能够压缩适用于机器界面和人脑的信息和内容。虽然这种语言可以通过使用人工智能技术而具有普遍性，但主要重点应该放在如何让云中可用的大量数据与人类大脑之间进行交流。

大脑通过迄今为止建立的窗口来接收数据，这种能力很有限。这需要通过新的云视窗来弥补。不但进入大脑的压缩了的数据需要高带宽，进入云端的数据同样需要高带宽。

新的趋势是许多年轻人不通过语音交流，而是喜欢通过智能手机、个人电脑或游戏控制台使用文字和图像进行交流。这种语音通信减少的趋势预计将会加速，许多人对于彼此之间的口头讨论变得不那么感兴趣，因为一个单词传达的信息量远远小于图像或其他形式交流的信息量。图像和视频可以提供大量的信息，并可以包含大量的压缩数据。

对话比发短信更有效，但需要实时响应。发短信可使人们在分享信息之前有时间来构思自己的想法，并且可以在比人与人之间通话更少的时间内有效地传输有限的数据。现在已有很多软件可以消除打字的需求，这可以提高工作效率，但对带宽影响是很小的。比如，需要添加新的联系人，只需扫描这个人的二维码或点击附近新朋友的照片即可。朋友圈这类功能的改进具有一些好处，但不会导致到云端的带宽大小发生重大变化。

基于图像含义的数据可视化将需要开发新的算法，这里机器到机器的通信可以提供大量的数据，而机器到人的通信将需要高层次的数据抽象。

在许多情况下，例如自动驾驶，生成的数据直接与机器通信，而不需要对数据进行人工解释和分析。另外，在诸如自动驾驶的应用中，由于过了时间段的数据价值很低，所以只需要保留少量的数据。机器到机器的通信将需要高带宽的数据管道，趋势是越来越多地使用光子来通信，光子数据管道的成本只是当前水平的 10%。因此，如果中国要建立一个基于光子通信技术的高安全性的大型网络，在光子通信技术上进行必要的投资是很有意义的。

从云传给个人的数据抽象级别可以通过将基础数据提供给

虚拟分身来补充。虚拟分身存储基础数据，并分析这些数据以提取相关信息与个人分享。基于对数据的分析，虚拟分身也有能力自动发起许多需要在无人参与时完成的行动。然而，对人来说重要的事务可能会随着时间而改变，所以这个虚拟分身必须是灵活的，能够重新定义哪些行动是必要的。虽然很多人想要亲身涉足他们生活的各个领域，但现实是，在数字时代，许多没有人直接参与的行动已经发生，例如网上购物的付款和物流。

随着虚拟分身的广泛采用，数字化发展势头越来越强劲，虚拟分身中也将需要一个高带宽连接的窗口。802.11ad（WiGig）通信协议可以提供高带宽（已经集成在许多芯片组中），关键因素将是数据的类型以及如何使数据得到高抽象级别。

AI的价值之一是可以压缩终端与云之间通信的数据。来自超级手机中传感器的数据将直接与云接口，并在云端以及本地设备上进行处理。云中也将有背景数据可用。例如，当用户拍下车祸照片后，AI会自动将照片发送给警方，并提供车辆和驾驶员的信息。它还会分析这对交通流量的影响，以及对救护车和其他车辆的需求。救护车等车辆可以自动行驶到事故现场。

采取必要行动所生成和处理的数据量，可以在最少人工干预下在云中完成。例如，如果事故中的车辆是全自动无人驾驶车辆而且还可以继续行驶，并且乘员没有受到严重的伤害，则车辆可以开到较远但安全的位置，直到采取进一步的救援行动。自主的概念是让人的参与最小化，这样也影响了云视窗带宽需求。

目前所建立的云通信基础设施，下行链路的带宽是上行链路带宽的 10 倍。带宽差异的一个关键理由是下行链路高带宽可提供高清视频，供人在智能手机或个人电脑上观看。另外，由于智能手机的电池容量是有限的，如果上行传输到云端的数据带宽是目前水平的 10 倍，那么手机待机时间将大大缩短。

随着人工智能技术的采用和虚拟分身的广泛使用，预计峰值下载和峰值上传带宽之间的比率需要从目前的 10∶1 变为未来的 5∶1 甚至 2∶1。其结果是智能手机电池容量将需要增加，或者需要开发新的电池技术。Leap Motion 使用连接在用户腰带上的电池组为手机供电是非常重要的技术。未来，超级手机有可能也需要采用这个技术。

在数据处理领域，处理能力分不同层次，每个层次都有自己的处理器和存储能力。企业云中的处理能力可能比个人云（目前就是智能手机）中的处理能力高出 100 万倍。处理性能的层次也是确定云视窗需求的关键因素。

预计 2030 年出现的超级手机的处理能力将是当前这代智能手机的 1000 倍，但云中使用的特定处理器的处理性能也可能会提高 1000 倍。另外，云中可以有 1 万个处理器，这进一步提高了云中的数据处理性能。预计处理器能力在未来还将存在不同层次，但处理能力要比现在高得多。

最终的长期目标应该是云与人脑之间的直接接口，而没有人眼和耳朵的缓冲作用。虽然这个概念在短期内是不现实的，但它应该是长期努力的一部分，以优化大数据和人工智能所能获得的收益。人们还需要优化可以通过虚拟分身和增强智能获得的价值，这也将由云视窗的连接带宽所决定。然而，最重要的因素还是接入云端的窗口（云视窗）和进入人脑的接口之间的桥梁。

一个重要的目标应该是初步形成基于图像的数据抽象能力，这种能力可以成为 2030 年从云到人的数据传输的一部分。从云到人脑关键区域的直接交流涉及新的脑波技术的发展，应该是一个长远的目标。如果没有开发新的进出云端的窗口，AI 的全部好处将不会被充分利用。

开发 AI 时代的高级抽象通信语言需要花费一些时间，2030 年可能成为广泛采用这种新功能的一个具体的目标年份。人工智能是一种更好地分析数据的技术，但人工智能的采用会导致社会结构和广泛采用的通信方式的根本性变化。

未来的从业者：哪些工作机器人不能替代人类

在未来，中国 8 亿职工（2016 年有 4.14 亿城镇职工和 3.62 亿在农村工作的农场职工和农民）中，将有很高比例的人不可避免地被具有人工智能能力的机器所取代。中国在 2016 年有 2.82 亿到城市工作的农民工，2015 年为 2.77 亿人，2014 年为 2.74 亿人，这些农民工过去一直是中国的主要资产，但是在未来，如果没有建立合适的就业机会，这些农民工很可能成为社会的负担。

拥有数十万工人的大型工厂将被拥有数以万计智能机器人的工厂取而代之，这些工厂将生产出比之前质量更高的产品。

工厂里的装配工人将会不断被解雇，如富士康就是这样一个公司，它正在推动生产智能手机的工厂转型。

到 2025 年或者有可能到 2030 年，工厂经理、工程师和技术人员需要管理、维护生产商品的工厂机器，但是到 2025 年，许多工厂的总人数将减到只有目前的 10%。另外，2025 ～ 2030 年在所需的工厂经理、工程师和技术人员中，有 50% 以上都可用由机器人代替。到 2030 年，剩下的就业岗位将是确定这些工厂的产量的计划者，以及建造新工厂所需的设计者和工程师。但是，工程师和管理人员在建设智能机器人的工厂中仍需发挥作用。因此，对工程师和经理的需求可能会增加。

软件工程师也将有机会为工厂开发虚拟分身，包括每个成品中每个组件所需的数据库。在组件建模和建立本地云需要的数据库等方面拥有技能的软件工程师将会得到雇用。在物联网和与物联网有关的其他领域出现的新应用中，对具有高水平编码技能的软件工程师的需求将非常高。

大型高度自动化的工厂不需要建于人口稠密的地区，可以位于偏远的地方，但需要高效地把货物运输到靠近高密度城市人口的仓库。速度超过每小时 500 公里的自主列车的出现，将改变工厂和临时存储产品的仓库之间的距离的概念。从长期来看，重要的不再是需要使用人工智能进行准时发货的大型仓库，因为供应链才是购买货物的来源，而不是仓库。正在开发中的区块链技术，可以通过增加熟悉这方面技术的软件工程师的数量来加速得到广泛应用。

在这个环境中工作的人将是软件开发人员，他们编写的算法可以让消费者比较货物，并提供更多关于这个货物的信息。由阿里巴巴、亚马逊等公司管理的实物商品供应链将成为保护竞争壁垒的关键资产。这个环境中还将有供应数字内容的并行供应链。其结果是在上述领域中需要高度熟练的软件开发工程师。

开发新一代智能机器人，构建智能机器人的组件，以及基于人工智能的软件算法来管理供应链等方面将会有很多工作机会。需要建立一个全面的方法来创建和管理供应链，而智能机器人和自主工厂是这个环境的一部分。这些就业机会需要高水平的技能，但与现有的劳动密集型工厂相比，只需要少量的员工。

机器人不能取代的其他工作是那些需要高水平技术开发硬件产品和支持软件的工作。然而，一个关键问题是2030年是否需要1000万个或1亿名这类工程师。因此，需要明确的计划来确保有足够数量的熟练的硬件和软件工程师可投入到产业中。需要创建新的新兴产业，来创造为工人和其他被智能机器人取代的就业机会。

提供健康和娱乐的服务业可能会有强劲的增长，因为很多人会有更多的闲暇时间和更多的钱。休闲产业有望高速增长。

在服务行业中有数以亿计的员工，而拥有云和人工智能的机器人可以替代许多这样的员工。虽然从经济效益来看，机器人代替人是合算的，但是从社会角度来讲可能需要持续使用服务人员，不让更多的失业发生。

如果很好地规划采用人工智能和智能机器人，健康领域就是一个可以大量增加从业者数量的领域。农业是另一个可以保持一定就业岗位的行业。

哪些工作智能机器人不能取代人类？要回答这个问题，需要先搞清楚在“人工智能 +”时代，如何维持高水平的就业。在一个领域就业岗位增加的同时，需要建立新的产业，其中大部分人将成为“数据码农”，而不是真正的耕作土地的农民。拖拉机和其他机器使耕作土地的农民的生产力更高，而人工智能工具将使“数据码农”的生产力得到提高。

人工智能和智能机器人将大大改变就业环境，如果新的就业机会是充满智力挑战的和有发展规划的，那么这将给社会带来益处。

人类如何适应未来

如果人工智能和增强智能的全部潜力得以实现，未来 20 ～ 30 年人类行为所需的变化将远远大于迄今为止历史上出现过的变化。需要考虑像 2030 年那样的具体日期，届时人工智能的技术能力将比现在的能力先进得多，人工智能可以带来的提高生产力的许多益处将变得非常明显。

到那个时候，人类需要适应一个包含数百亿个传感器、亿万个智能机器人及虚拟分身、自主运输以及高度自动化的医疗、农业等行业的世界。体力工作将逐渐被智能机器人所取代，而目前常见的大部分人类思维活动也将被虚拟分身和增强智力所取代。

大规模安装的数据中心之间将通过高带宽光缆连接，并连接到具有量子通信技术的卫星。数据中心的处理能力将比目前的实际能力高出数百万倍。

智能手机将成为超级手机，其处理能力可与当前正在运行的超级计算机相媲美。虽然流通数据量会呈指数级增长，但到处都会有超级计算机。目前，一台智能手机的处理器花费125～315元人民币，而超级计算机花费数千万元人民币。但到2030年，超级计算机的处理能力就将出现在约50亿人的手中或口袋里。

到那个时候，私人没有必要拥有汽车。人们正在建立使自主车辆与火车、公交时刻表等同步的交通系统。飞机在空中航行不需要飞行员，乘客将由机器人服务，但有可能需要有个人监督。当虚拟现实技术将埃及的金字塔和法国的罗浮宫等奇迹带到中国的任何地方时，人们会思考为什么还需要出去旅行。

人生的意义或目的将会改变，人工智能可以根据社会的需要来决定一个人的职业生涯。人类没有理由知道那些虚拟分身知道的东西。

由于AI发展的时间很短，所以积极主动采用新功能是非常重要的，2030年，与AI初始阶段有关的许多基本功能将得到广泛使用。

过去，捕捉野生动物对于人类生存至关重要，但现在已经变得不重要了。当今的工厂、企业和个人环境中所需的技能，都将需要使用虚拟分身和增强智能来实现，不然就会被淘汰。人们可以先通过增加智能手机中已有的功能，作为最终使用虚拟分身的过渡，同时需要加深对增强智能益处的认识。

人工智能环境的转型将发生在社会的不同部分和不同的行业。这些变化的影响在自动驾驶和自动化工厂等领域已经显而易见，那里建立了自主环境能力。虽然向无人驾驶车辆过渡将不再需要租用出租车和其他司机，但这种转变不会造成社会的重大颠覆，因为这些司机所占的人口比例相对较低。汽车需求可能会减少，这将减少汽车的生产，从而导致汽车厂内的就业机会减少。因此，这个因素可能会对全球汽车产业产生重大影响，一些汽车公司将会消失。然而，自主交通将被接受，因为长时间通勤驾驶汽车对大多数人来说是浪费时间和精力的。但是，公共交通会有所增加，有多个行业涉及人员流动。

医疗保健生态系统的变化也将带来改善健康和延长工作年龄的好处。将有一个向新的基于人工智能的医疗保健系统的转型，一般来说，这些转型将被广泛接受和支持。

如果人到了 100 ～ 120 岁仍有生产力的话，那么让人在 55 ～ 65 岁就退休的就业环境将不切实际；让人在还有将近一半的有用人生时退休是不切实际的。延长工作寿命的观念与世界上许多降低退休年龄的活动相反。现实是，不工作和不对社会做贡献就会导致人成为社会的负担。需要树立这样的思想：采用人工智能和增强智能可以提高个人的生产力，但退休年龄应该上升而不是下降。

包括婴儿在内的每个人都将拥有一个虚拟分身，随着越来越多的数据被提供和处理性能的提高，随着时间的推移，智能水平越来越高，这个分身就像个人云一样运行。个人的学习经历也将被包含在虚拟分身中。父母也可以将他们的虚拟分身的数据输入到他们的孩子的数据中。人们还需要对那些人工智能水平不高的数以亿计的人进行广泛的再教育。就像那些想驾驶汽车的人不得不学习驾驶一样，人们要使用虚拟分身和增强智能，也必须进行学习。

所有年龄段的教育体制都需要彻底改变，以便人们有效地利用“人工智能 +”的能力来补充自己的脑力。教育和培训制度的变化将对教育培训工作者和学生造成极大的颠覆。通过教育来为“人工智能 +”时代做好准备将是最重要的课题之一，它确保人工智能的好处被广泛接受和采用。

中国的一些大学正在开展更多的人工智能软硬件开发培训。中国国家实验室也正在建立开发人工智能技术的能力。不幸的是，这些活动只占需要做的工作的一小部分，人们对于未来10 ～ 15 年内将出现的基于人工智能的能力需要做大量准备。

大学毕业生的人数很可能需要接近中国的出生率（2017年在中国出生 1720 万名婴儿）；大学课程应由社会需求决定，而不是由个人决定（可提供选修课来支持个人的需求）。在那些出现关键颠覆的行业中，劳动力需要在年轻的时候接受培训。

为了体育赛事，成千上万的运动员需要训练自己的身体；而为了采用人工智能，需要训练数亿人的大脑。由于中国自上而下进行项目管理的能力非常强大，所以中国与其他国家相比，其在为人工智能社会进行人才转型的过程中，处于非常有利的地位。

人可以训练自己采用人工智能，但是采用增强智能的高技能水平的人员与较低技能水平的人员之间的差别，会造成社会凝聚力减弱。因此，需要建立正式的培训计划来开发 AI 的技能，使用虚拟分身及增强智能，让尽可能多的人受到较全面的培训。

拥抱新世界：人们是否准备好与 AI 交往

人工智能、机器学习、虚拟分身和智能化的时代已经开始在主流市场上出现，并在中国、美国和其他国家迅速发展。人工智能和大数据的时代是不可避免的，关键是要确定如何最大化个人和社会可以获得的收益。

迄今为止，这种发展势头的基础是提高现有应用的能力，如大型数据汇聚公司的搜索和广告支持，而不是开发新的产业。但是，人工智能的本质是，创造新的产业和应用来利用人工智能的分析和产出能力。

为了让人们对采用人工智能功能更有兴趣，人工智能行业需要找出显示人工智能明显优势的新应用领域，并使公司能够通过这些功能获利。因此，中国在制订计划时将为战略和就业带来好处，从而加快工业和消费者应用虚拟现实设备的速度。如果建立了适当的硬件和内容基础设施，虚拟现实市场的规模就可以与智能手机市场相媲美。

人工智能的好处就像在夏威夷和世界其他地区冲浪者所享受的大浪。经验丰富的冲浪者可以在大浪上进行许多练习，并从这些波浪中提取能量。一个不会游泳的人会被大浪卷走，并可能被拖入深海。类似地，人们需要使用可以从 AI 浪潮中获得的能量，这个能量会随着时间的推移而产生更大的强度。

冲浪者要想从大浪中获得享受，只购买冲浪板是不够的，其有必要学习如何游泳，如何使用冲浪板，如何观察波浪，最初可以用小波浪来完成，然后再进入大的浪潮。冲浪者还必须在水面平静的地方排好队，然后在其他冲浪者的前面迅速划桨，直至形成大浪。同样，为了成为 2030 年人工智能环境的一个关键部分，人们需要学习许多技能并逐步改进。如果你在 AI 浪潮期间只是一位旁观者，那么与 AI 生态系统中的积极参与者相比，获得的好处和满意度要少得多。

2017 年，全球有数十万工程师参与了 AI 技术和新服务的开发，到 2020 年 AI 工程师需求量将达到 1000 万人甚至更多，到 2030 年将达到 5000 万人。未来几年将有大量的 AI 软件和硬件的开发机会。

风险投资领域对人工智能项目有较强的支持力度，2017 年提供了 500 亿元以上，2016 年为 400 亿元，2015 年为 130 亿元以下。2017 年较大型企业的人工智能投资为 1300 亿元，2016 年为 600 亿元，2015 年为 320 亿元以下。

人工智能的势头正在增强，而且这种势头将持续下去。AI 提供从数据中获取价值的机会，需要高水平的培训和技能，但也可以为大学毕业生提供很大的智力挑战的成就感。人工智能仍然是一个具有高度理论性的领域，但实际效益也已被证明。对 AI 的实际效益理解得越多，作为 AI 生态系统一部分的价值就越大。因此，让大家知道人工智能应优先考虑的领域是有好处的。游戏是证明人工智能益处的一个重要领域。游戏是一种娱乐消遣，但从游戏中学到的技能也可以适用于其他领域。

AI 时代将要求中国十几亿人在未来 10 ～ 20 年内经历激烈的生活方式变革，重要的是要提供能够有效实施和积极采纳这些变化的路线图。虽然一些备受瞩目的人士对人工智能的影响表示忧心忡忡，但现实情况是人工智能的应用速度正在加快。冲浪者在夏威夷等地等待的大波浪就在面前，是时候选择正确的浪潮并驾驭它们了；背对这些浪潮将有可能被浪潮淹没。

阿里巴巴、腾讯和百度积极采用和发展人工智能技术，并与美国公司进行合作竞争，这具有非常积极的意义。但是，这些公司不应该成为被汹涌的波涛所围绕的专业岛屿。它们应该成为生态系统的一部分，在这个生态系统中，其他公司和个人也在积极参与到已经建立起来的基础设施中，许多创业公司都是这些公司的生态系统的一部分。

人工智能中的企业家需要被视为社会资产，但创业公司需要有系统的融资方式。

为中国的创业公司提供大量资金用于获取人工智能的商业机会，这是迈向构建各种人工智能功能的良好开端。中国人具有高度的创业精神，但关键的要求是鼓励长期的战略规划以及在短期内取得高盈利。

人工智能将影响所有行业，包括消费电子产品、医疗保健、农业，等等。采用人工智能的关键因素将是被支持的行业的广度。基础可以建立在基于人工智能的算法上，这些算法支持诸如物联网这样的领域，数亿人可以参与其中。然而，现实是人工智能广泛采用的路线图尚未确定。虽然大型高科技公司正在拥抱人工智能，但是还是有必要将人工智能下放到广大农村地区，在那里 AI 技术可以像铲子和锤子一样普遍。

AI 时代将是一个全球性的现象，中国在积极准备所需技术，而在采用这些技术方面处于领先地位，这具有很高的价值。美国将继续成为新技术和新服务的重要创新者，由于双方合作可以产生协同效应，因此中美两国应该密切合作。

对于中国来说，推广一个可以展示人工智能优势的高性能平台是有好处的，一种选择就是虚拟现实设备。迄今为止，由于一系列技术限制，虚拟现实设备尚未达到预期。然而，这些局限性将得到解决，并为中国加速解决这些技术问题带来战略和财务利益。虚拟现实将允许个人在与其他对象（包括人员）之间没有任何直接物理交互的情况下进行操作，并且可以展示 AI 的益处。

虚拟现实中的功能将允许人们在任何虚拟环境中自我定位而不需要做实体移动。在深圳或其他地方生活的人，可以生活在一个虚拟的"紫禁城"里，那里有它的辉煌和宝藏。团队商务会议可以通过房间里出现的逼真的化身来进行，每个人都可能身处不同的地点。虚拟现实的推广可以刺激许多硬件和软件公司的建立，这对商业和娱乐行业都有好处。

通过采用数以亿计的虚拟现实设备，人们可以在短时间内看清楚人工智能的好处。

农业等其他行业也可以证明人工智能的好处，人工智能技术的应用越来越广泛。像食品生产和膳食制备这样的产业是高度分散的，可以选择具体的领域来为行业采用人工智能技术做好准备。然而，人工智能的广泛应用可以大幅提高中国自然资源（包括食品和水）的利用率。关键问题是克服人们为了保护现有的方法而采取的自然偏见，比如在降雨量很小的地方种植水稻，这是因为人们只是感觉到有好处，而不是采用有效的方法来管理资源。

人类未来几十年为了适应新环境而做出的改变，将远远超过过去的年代，中国同样如此。不同的年龄组和行业细分市场需要为这些变化做出计划，年轻人可能是最容易改变的，因为他们不需要开发已经淘汰的某种技能。商业环境中适应能力最强的年龄组可能会是 40 岁以下的人群，而这些人群将需要在 AI 能力方面进行具有全球领导力所需的技能培训。提供的培训将是整个社会成功适应“人工智能 +”时代的关键因素，培训需要解决很多这方面的问题。具有虚拟分身和增强智能的人工智能，将会增强智能领域的自由度，但这需要与建立一个富有成效的社会的需求相协调。

“人工智能 +”时代即将到来，人们需要有开放的眼光和开放的心态。人工智能是企业家建立新公司和个人获得新经验的绝好机会。社会的每一个部分都将在 AI 时代受到影响，而建立有效利用人力资源的教育基础至关重要。现在的现实是，人工智能的影响是未知的，因为它还没有被明确地定义，但这股强风正在吹来，人们需要随风而行，而不是逆风抵触。

AI 发展中必须排除的短期障碍

AI 发展中需要排除的主要短期障碍包括以下几项。

（1）工业基础设施是以制造产品为基础的。货物可以看得到和触摸得到，它们的用途和价值可以容易地得到理解。

人们可以根据电视机的显示质量以及它可以提供的内容和服务来判断其价值。而增强智能是一个概念，价值可能难以衡量。在人们习惯于增强智能并学习如何使用它之后，价值才可能会很高。

（2）有必要加强中国企业软件开发能力的竞争力。

中国的软件开发能力已显著增强，但仍远远落后于美国。与美国相比，中国的软件开发能力相对薄弱的原因在于，把软件变成现金要比把硬件变成现金困难得多。另外，在中国很多人有这样的想法，即软件应该是免费的。软件就像空气一样，无法看到，但无处不在。

因此，中国需要激励软件开发能力的增强，培训数千万工程师成为软件开发专家；还需要刺激中国软件公司的发展，这些软件公司可以为数千万新的软件工程师提供就业机会。

另外，工业基地和政府机构之间的长期密切合作也是至关重要的。

（3）可以给人们提供更多的娱乐内容，但这种方法的局限性必须得到解决。

有的人专注于玩游戏和互动内容，这减少了他们的工作时间。游戏和内容并没有充分利用人脑的力量来提高社会生产力。

这也可能会使人丧失进取心，并将重点放在不能为个人或社会带来真正利益的目标上。

最好的选择是创造新的行业或发展需要高水平分析技能的行业。这将需要创造数亿个新的就业机会，如果有一个适当的计划，这是可能实现的。

新的就业机会的发展也将适用于美国，而且在某些方面，这在美国可能更容易一些，因为美国的制造业就业率很低。

（4）那些在增强智能方面非常熟练的人与那些不擅长的人之间，会存在高度的不平等。虚拟分身的能力将成为增强智能中个人技能水平的衡量标准。

虚拟分身的能力可以分享；然而，一个问题是分享是自愿的还是被迫的。工业时代已经产生了高度的收入不平等，但是大数据会在人们获得增强智能能力的基础上，在执行任务的能力上产生巨大的差异。在增强智能阶段，权力和控制权的不平等将远远大于工业时代出现的情况。

人们从增强智能中获得的权力需要被加以控制，这种权力需要造福于社会。来自增强智能的不受控制的力量可能造成社会混乱。

一般来说，达到中产阶级的目标之一就是拥有一辆汽车，因为这样会给出行带来灵活性。而对于增强智能，可以出现类似的目标，人们希望获得非常高性能的增强智能能力，以给他们足够的自由度来让自己的大脑漫游遨想。增强智能将是绝大多数人想要拥有的能力。但是，汽车需要被限制在行车道路上行驶，而增强智能也需要以类似的方式进行管理并受一定限制。

如果将增强智能的功能放在云中，则每个人都有能力访问这些功能。一个人的技能水平高低，取决于如何有效获取数据分析的功能。然而，如果增强智能放在个人设备（如超级手机）和虚拟分身上，除非每个人都联网并且同意分享，否则将难以共享这些能力。然而，人性表明人总是想要控制自己周边的环境（这就是家庭存在的原因），也希望有比他人更好的能力。

许多与大数据、深度学习和人工智能相关的短期障碍都可以通过有效的规划来排除。需要将增强智能和虚拟分身概念作为长期计划进行规划，这种计划将导致社会的巨大变化。

AI发展中必须排除的长期障碍

AI发展中需要排除的长期障碍包括以下几项。

（1）如何建立一个机器比人聪明得多的社会，这些机器能保持自我学习能力，并且学习速度会比人快得多。

智力无限增长的情况并不只是迄今为止的社会所遇到的。

有必要对如何采用和使用这种能力设定限制；还需要制定关于公有云中的内容以及私有云或虚拟分身中的内容的隐私准则。

（2）一个人死后如何处理其个人云和虚拟分身？

这个问题答案的选项包括将虚拟分身交给别人，可以让家庭成员接管个人云并将其与社会整合，或将虚拟分身出售给出价最高者（类似于出售二手车）。还有其他的选择，例如关闭云或将其留给后代保存。

个人云的性能提升很可能会非常迅速，才几天未更新的个人云就会过时。然而，这个虚拟分身会体现一个人的个性。

（3）有了增强智能，人们不再需要拥有目前所需要的许多实体物品，那还有哪些物品会被需要呢？消费者可能不需要目前购买的许多商品，因为它们可以被虚拟分身所拥有。

人们可以创建旅行地的虚拟分身，因此不再需要去旅行地度假。虽然不会有实体接触，但是虚拟分身之间可以有联系和交流。

许多较长期的影响出现在科幻领域，人类飞行的概念也曾经是科幻小说里的一个情节。虽然许多变化将会期待许多年，但重要的是期望 AI 时代的到来不会超过二三十年，这就需要为各种后果做好准备。

虚拟现实将把真实图像和数字制作的图像叠加在一起，模糊了虚拟分身世界与现实世界之间的界限，向着人工智能世界迈进。模糊数字世界本身不是一个问题，但是模糊现实世界和数字世界的界限将对社会和商业产生许多影响。

随着虚拟现实概念的不断采用，未来 5 ～ 10 年内将出现同时含有真实和数字世界的增强现实所产生的影响。增强智能和虚拟分身的好处可能很重要，但是人与人之间以及人与机器之间的交互方式也将发生重大变化。

有远见和全面的规划是至关重要的，在未来 10 年，有必要进行投资来为数千万人和潜在的数亿人建立新的教育和培训计划。

把大数据、深度学习、人工智能、增强智能等新技术作为社会发展的重要组成部分，这一点非常重要。这些技术的构建方式与过去印刷机、汽车发动机和喷气发动机的开发方式一样。

在过去，人们不一定需要去深入研究虚拟分身概念，因为过去的人们还没有面对人工智能和增强智能的能力。采用智能机器人和带有人工智能的机器人，是短期内就可以达到的目标。在许多情况下，最好及早采用，越快越有利。

增强智能和虚拟分身的采用则会产生长期影响。虽然建立配套通信能力和大容量数据中心是至关重要的，但是处理器芯片、存储芯片、存储设备等关键技术将由中国公司自己提供还是进口，还是一个问题。

把 2030 年作为 AI 第三阶段的初始时间是合适的。到 2025 年，可能会有一个 2040 年的计划；到 2025 年，中国基于从现在开始的进展，可以更具体地规划出到 2040 年需要采取的成为全球领导者的步骤。深度学习、人工智能、增强智能和虚拟分身概念的采用需要全面计划，需要充分了解 AI 对社会和行业的影响，并制定有效采用 AI 的指导方针。

第 5 章

未来的市场与机遇

在大数据时代，AI也在不断进化。智能机器人、虚拟分身和增强智能在不断提高数据分析能力，从而导致未来整个社会的运作发生巨大变化。许多行业的生产效率会得到巨大提高。个人、企业和政府机构将需要适应这些变化，制定和执行严格的策略，以获得由AI提供的功能的好处。

建立具有自动交通系统、自主医疗中心和基于人工智能的培训设施的城镇是非常有益处的。现在，为测试5G无线通信信号，已经建立了很多测试站点，但也需要建立人工智能的测试站点。预计许多公司会在采用AI上具有远见卓识。而中国拥有大量的企业家和创业群体，这意味着将出现很多把AI转化到市场的非常好的项目。中国有大量做小生意的企业主的才华都可以在AI的细分市场里得到发挥并且成功地赚到钱，从而使许多有进取心的人实现梦想。

中国将会有大量的应用AI的市场机会，但拥有全球市场份额也很重要，因为竞争将是全球性的。

大量的公司能够掌握先进技术，而先进技术也可带动大批新企业的出现。

为了使人工智能得到广泛采用，需要有一个用户友好的操作界面，该界面要得到高带宽网络的连接并且成本很低。在中国建立的非常强大的配套基础设施对于制造业和商品运输来说非常有效。而对于AI来说，则需要支持数据创建、传输和分析的功能。

商品可以被人们看到和触摸。然而，数据存在于云中，存在于超级手机中，并且人们通常看到的是图形表示。这种“不可见的商品”的概念需要慢慢被人们接受。已有迹象表明，随着微信等新服务扩大其功能，该方面的势头正在迅速发展。

欢迎来到人机共存的时代

在人工智能发展的早期阶段，基于人工智能的机器将与占主导地位的人类共存；但在人工智能发展的后期阶段，人类将与占主导地位的智能机器共存。机器在有效智能方面优于人类的转变，会遭到许多人的抵制。但是，人与机器共存的过渡期已经出现，机器在现实世界里的很多方面超过了人，例如在建筑业和运输业。机器比人的体力要强得多，虽然其目前仍由人来控制。数据世界中的机器可以是智能机器人、云中的算法或超级手机，人类控制的程度将随着时间的推移而逐渐减弱。关键的时间是机器可以完全替代人的某个临界点。

机器通常被认为是支持软件的一个硬件，如自驾车是一台机器。智能机器人是一台机器，就如同一台超级手机一样。而对人工智能来说，机器可以是驻留在云中的强大算法，它们对数据进行分析，然后根据数据提供那些应该完成的内容。在自动驾驶中，真正的机器不是汽车，而是确定汽车应该如何避免碰撞，在某个位置接载乘客并将乘客送到预定位置的算法。基于 AI 和机器学习的算法应被视为机器，而硬件支持算法。在近期内，硬件和数据机器的组合将是 AI 的本质，但从长远来看，算法和数据将占主导地位。

在人工智能的早期阶段，最显而易见的是硬件设备，因为它们很显眼，并且可以监视它们的移动位置。事实上，数据机器将成为人工智能中最重要的功能，并将在接下来几年内得到迅速提升。

然而，机器需要电力来运行，如果电源被关闭，机器进入休眠阶段，就像人睡觉或进入昏迷状态。打开电源时，机器恢复活动。

机器人目前使用电力作为能源，如果拔下机器人的电源或关闭开关，机器人将不会发挥任何功能。安装在智能机器人上的开关可关闭该机器人。如果远程机器人的智能（来自一个网络、机器人的集群或云的智能）没有存储在本地的机器人内，则本地机器人只有基本功能。随着机器智能的增强，人类对机器的控制会减弱，因为人类智能增长的速度将比机器智能增长的速度慢得多。

当机器失去电力时，数据会发生什么变化？其中一些数据将在非易失性存储器里得到保存，但其他数据将丢失。然而，未来将会有数十亿台机器，数据将从一台机器转移到另一台机器上，就像在海边看到的波浪一样，一波接一波地到达岸边，但潮水永远不会结束。如同潮水的波浪不会涨到无穷大的高度，数据将具有同样的性质，不会超出某个界限。

在接下来的几年里，机器在许多任务的执行上，智能水平会比人类要高。而从长远来看，机器的智能将远远超过人类。而人类需要知道，赋予机器哪些功能，以及如何控制机器的智能。例如，一辆汽车的行驶速度可以为每小时300公里，但是实际上不允许开得这么快，交通法规已经建立了每小时100公里的限速以减少事故。同样地，可以采用类似的方法来控制机器的智能。关键问题是控制机器能力的方法是否有利于社会。高速行驶的赛车可以参与比赛，但它们也有开始起动和停止的时候。

当大量智能机器连接在一起并成为云生态系统一部分的时候，人类可能将无法控制这些机器。这时候，可能会出现一种流氓机器，它的作为超出了对其运行范围的限制，需要有更强大的机器来控制这种流氓机器。这就需要确定控制和管理机器的方法。机器的管理者，无论是人还是其他机器，都会拥有令人难以置信的权力。

在人类世界中，领导者有一个有限的运作期限或寿命期限。在很多情况下，人在这个职位上的时间是有限的，即 4 年或 5 年，如其有能力会再被任命 4 年或 5 年。一个人也有一个充满活力的生命期限，如从青年时代一直到七八十岁，虽然后代可以接替，但这可能有不同文化的差异。在 AI 机器世界中，机器不一定会磨损，随着时间的推移智能会不断增强。机器的性能开发目前还不会有限制，因为 AI 技术还处于萌芽阶段。人工智能机器可以由个人、企业、政府机构或国家所拥有。如果 AI 机器的主要特点是基于软件而不是硬件的话，某部 AI 机器可以是机器生态系统的一部分。

只要具有足够的存储设施并且具有足够的存储容量，AI 机器的寿命实际上可以是无限的。由于可能需要考虑存储的优先权，因此即使是放在历史存档中的数据也可能被删除并替换为其他数据。随着机器变得越来越强大，这些机器将会相互竞争以求生存。

采用基于人工智能的技术将要求人们根据对人类和社会的重要性来确定机器的角色，并可以确定机器的层次等级。在最初采用虚拟分身的阶段，首先关注的是个人在其私人生活以及职业生涯中的需求。人们将考虑如何把智能手机升级到超级手机以及如何拥有虚拟助手。实际上，这个阶段现在已经开始了。下一阶段将是现有功能的延续，但是具有增强功能。然而，颠覆性阶段将会出现。智能手机功能的迅速变化让人看到了硬件的变化，但算法的变化将更为激烈。

采用支付宝和微信支付作为现金替代手段的做法已经简化了许多交易，由于设置了有效的配套基础设施，这种数字环境在中国的应用比其他国家更为迅速。在很多情况下，向数字时代的升级过程很顺利。但是，这个过程中人的行为模式并没有发生重大变化，这意味着迄今为止还没有出现颠覆性的模式。但这种情况将来会改变。由于目前机器的有效智能还远远低于人类，所以人类在这个早期阶段仍处于控制机器的主导状态。

然而，英国 DeepMind 公司开发的算法，已经显示出比人类可实现的能力更强大的处理能力，但需要有超级计算机的运算性能作为支撑，才能充分发挥先进算法的优势。在未来 5 ～ 6 年，预计媲美 DeepMind 的类似的算法将在超级手机里运行。数十亿人将会拥有这种手机，而在那时候，人类的智商将会过渡到机器中，并逐步由机器智商来主导日常生活。

目前，人类被视为现实世界里的最高主人，机器是现实世界中的仆人。这种思维模式低估了智能机器为社会带来的能力和收益，但是却代表了人类的思维定式。现实情况是，人类想要控制机器，但这样的意愿在未来将不得不受到考验。重要的是现在就要计划这一阶段，因为从年龄来讲，很多人在有生之年还会看到这一天。

从目前的宇宙结构来看，人类应该是宇宙中可用物质的受益者，并且有权获得可用的物质。机器智能的增强可能需要重新分配人类的角色，需要将人类定位为宇宙的一部分，而不是资源的消耗者。然而，关键问题在于，迄今为止人类已经确定了人类的角色。因此，有必要重新评估人类和机器生态系统中的人类的权利。

未来，智能机器将互相沟通，并能够确定任务的分工，而无须人工参与。虽然食物和温暖的基本要求需要人来提供，但由于虚拟现实的出现，还不清楚是否还需要什么其他的天然物品。智能机器可能需要采用分层结构而不是只有一层的操作结构。使用智能机器的分层结构，人类可以与具有比其他机器更高处理能力的“顶级机器”接口，这台机器执行人输入的指令后再将其传达到所有其他适用的机器。

包括人输入的指令在内的人与机器的交互界面，将变得更接近人与人的交互。这背后是对听觉、视觉、触觉、嗅觉，甚至味觉等多模态技术的全面融合。智能机器不但有高智商，还将逐渐提高其情商，能感知到人类的眼神、语气、语态、面部表情、肢体动作、出汗、心跳等更丰富的表达方式，从而更智能、准确地理解人类的意图。

人类可以与大量的智能机器进行通信，这些智能机器可以被看作机器群或“朋友圈”，这个群里没有顶级机器。而单层操作结构的问题是很难做出高效的任务分工，关键决策必须由某些人做出，而人的有效智商低于机器。

机器的分层结构需要进行规划。在这种情况下，使用AI来建立机器的基础设施是非常重要的，这些机器初步建立后将随着时间的推移而不断发展。建立机器分层结构是为了有效利用人工智能的关键能力。

整个社会可以从更强大的机器中获益，但是随着机器智能的增强，付出的代价是人类将更难控制机器。过去这种困境并没有发生，因为人们一直处于控制机器的阶段。而未来，人们必须制定指导方针来确定机器所扮演的角色。尽管人工智能有这种与生俱来的失控的风险，但超级智能机器可以提供的益处可以为社会带来巨大的好处。因此，在注意控制因素的同时，重视人工智能的好处非常重要。

有一种观点认为，到2030年有约40亿部超级手机将被使用，并且每个拥有超级手机的人将携带一台能实时学习从而变得更加智能的超级智能机器。此外，人们还可以将具有100Gbps 5G无线带宽的超级手机连接到云端，并在超级手机之间互相连接。其结果是，这些智能手机的总计算能力将比迄今为止提供的智能手机高数万亿倍。必须对这种计算机能力的益处加以规划，占很大比例的计算能力需要被用在可以起到建设性作用的地方，而不是浪费在游戏和其他类似的地方。

人群的累积智商并不随着群体的规模扩大而线性增长，并且如果人群中有冲突，智商反而会下降。如果采用适当的基于

AI 的算法，机器的累积智商可随机器数量增加而线性增加。如果数据分析功能也得到改善，收集更多数据的同时数据价值也会增加。

来自所连接的超级手机和云中的大数据分析能力，会远远超过人们目前所能想到的能力。如果数据是由强大的基于人工智能的算法所支持的话，人管理这种能力也是非常困难的。

建造非常大的数据中心和生产百亿台超级手机，让这些机器的能力远远优于个人的能力，这将导致出现机器的能力难以管理的场景。可以做一个比喻，一个普通人可以在普通街道上驾驶一辆家用汽车。但是，普通人不能在赛道上高速驾驶 F1 赛车。虽然 F1 赛车驾驶员可以以 300 公里的时速驾驶现有的 F1 赛车，但是如果赛车一夜之间提高了 100 倍或 1000 倍的速度，F1 赛车的司机将不再能够在 F1 赛道上驾驶 F1 赛车。

相似地，机器可能会大幅度提高吞吐量。结果是，将会有必要在未来 20 ～ 30 年里对整个社会结构做大幅度变革，才能获得 AI 的高利益。另一种选择是限制 AI 获得的功能，把它限制在人能够继续控制机器的范围内。

人与机器的共存也将适用于专业领域，并且不会涉及非常大型的数据库，其中本地云就将可以有效地运行。一个例子是艺术家需要多年时间的培训，因为创造力受到完成某个任务所需的时间的限制。而智能机器人可以承担现在技术熟练的工匠正在做的任务，并完成劳动密集型的重复性任务（如剥离、测量和切割、刨削和打磨等），它们将像设计新的物品这样的创造性任务留给人去完成。在这种特定环境中，人机界面可以为人提供主要益处。而在专业领域，将由人来管理机器。

智能机器、虚拟分身和增强智能的出现，需要解决的一个因素是如何将人的思维发展为更高层次的抽象思维。人需要在概念层面而不是数据处理层面进行运作，因为机器在这方面要比人类有效得多。人要获得在概念层面思维的能力，则需要广泛的培训。开发新方式来使用人脑，将成为智能机器时代会出现的关键特征之一。

另一个需要考虑的因素是人的竞争性，如果能够有效地引导和控制竞争，就可以导致创新的产生，及新公司的建立。过去几年中，智能手机的功能大幅增强来自智能手机间的高度竞争。未来，竞争主要是基于获得高性能的 AI 处理能力，这种能力既可为个人带来益处，也可以产生反社会效果。

AI 中可用的数据处理和分析功能的极大增强代表了主要的竞争优势，但需要确保这些功能不会被滥用和用于反社会。制定枪支管制法律是为了减少枪支使用可能造成的伤害。AI 将采取类似的观点来确保不发生不正确的使用。这将需要透明度。

有的国家很好地引导竞争，这会引发创新。人工智能和非常强的计算能力可以用来建立竞争优势，这可以增加国家的财富。这种竞争对社会有益，但有必要制定适当的指导方针，不让这种竞争产生不良后果。

因此，关键问题不是人工智能技术是否会变得重要，而是要确保人工智能技术的稳步发展，有效利用人工智能技术和增强智能可以为个人、公司和国家带来重要的竞争优势。AI 的功能需要被视为人与人之间、人与机器之间、机器与人之间以及机器与机器之间的环境的一部分。因此，人与机器及机器与人的生态系统，将在未来10年迅速发展，其结果将是人们日常生活的重大颠覆。

在未来的人工智能时代，人类将体验的例子包括：

- **睡眠时间**。人工智能将会有完整的睡眠模式记录和所发生的梦境分析；将会有抑制做噩梦，让人产生积极正能量的能力。历史记录了那些人类努力消除饥荒和饥饿的悲伤年月，而AI阶段将消除人类的悲伤感。不但身体状况重要，大脑状况同样重要，使用人工智能会对其有所帮助。

  唤醒和睡眠时间也可以根据个人的需要而建立，而不是基于特定的时间。一个人什么时候睡觉，什么时候醒来，将通过人工智能、机器学习和与大脑相连的传感器的组合来确定。睡眠模式反映的信息变幻莫测，为什么不让AI来确定最佳时间和条件？睡觉应该被认为是人类的不活跃阶段和人工智能的活跃阶段。

- **营养选择**。醒来后，人们将基于白天参与活动类型的营养需求来选择食物。对大脑和身体重要的营养将得到推荐。营养需求也将由附着于人体的传感器来决定。此外，将有一个基于社会和个人需要的营养数据库，还会有社会营养的总体目标以及个人的具体需求，这些需求将由AI决定。

营养需求也将与个人的身体活动相协调，以使身体状况保持良好的运作状态。航空公司监控飞机发动机的运行和维护，可以用这种类似的方法处理人的体力情况。

- **日常任务**。人工智能将确定人类需要完成的任务，而这项活动将与其他人的活动相协调。另外，这将确定在短期和长期计划中，人工智能需要为社会做些什么。为了完成其中一些任务，需要把这个人用自动驾驶的车运送到另一个地点，但是许多任务可以在人的住所范围内完成。

除了虚拟分身和增强智能对人类智能的作用和价值的影响之外，还需要考虑虚拟现实和增强现实的概念，这使得人们可以在物理隔离的环境中进行操作，而同时有保持相互连接的印象。

人类将戴上虚拟现实头盔并手握控制器。任务将得到显示，并提供如何执行这些任务的指导。

现实情况是，虚拟环境比实际物理环境更胜一筹，虚拟环境可以创建成生活的另一世界。虚拟分身可能是这个世界内发生的事情的主要决定因素，对许多人来说，这种类型的颠覆已经发生在一些狂热的玩家身上。日本有很多不愿接触社会的宅男宅女，他们已经让人看到了未来社会的可能景象。他们把自己限制在家中，对上学、工作等没有兴趣。

虽然虚拟现实还没有达到预期的应用水平，但虚拟现实场景可能会在 2025 ～ 2030 年被广泛使用，因为新技术正在解决迄今为止所遇到的许多问题。

一些分配给人做的任务，将是管理位于偏远地区的智能机器人，其中一个要求是保证机器人在其指导下运行。随着机器人智能的增强，需要人监督的程度将逐渐下降。

在许多情况下，智能机器将越来越多地执行原来由人完成的任务，但事实是，如果人工智能完成了所有任务，那么人类除了玩游戏和开展类似的互动活动之外，将会没有其他任何工作可做。这就需要创造新的就业机会，而物联网技术对于新的就业形式来说，将变得越来越重要。

人将使用虚拟分身和增强智能的组合来执行各种任务。人在许多任务中将成为一个相对被动的参与者，其参与程度基于社会等级内的地位。

- **培训和教育时间**。每天，人们将进行机器学习和AI的最新能力的培训。每日培训课程将根据一个人对社会的能力水平以及一个人必须完成的任务来设定。培训将通过基于人工智能的技术完成，人工智能还对培训的有效性提供反馈。培训也将通过使用虚拟现实和增强现实技术来完成。
- **空闲时间**。空闲的时间将根据社会的需求，根据人在周围移动或待在虚拟现实环境中的能力进行分配。AI将确定每天可以有多少空闲时间。

以上场景是可能的最终场景，对未来的AI来说可能还不现实或还不能实际可行，换句话说，要实现这些场景有可能不止10～20年，而是还需要50年。

人工智能的潜力巨大，这意味着规划人与机器如何相互作用至关重要。社会和市场的力量不能成为采用人工智能的唯一决定因素。有必要规划人工智能的采用，需要有效地提升人工智能对社会、对个人的好处。

“人工智能 +”时代预计将持续数百年，可能会持续数千年。因此，从影响的长远角度来看，尽快实施许多关键步骤非常重要。就像石油业的发展一样，人们必须解决的问题也有很多变化，但也有很多机会。与石油产生了很多新产业一样，AI 也会催生许多新兴产业。虽然人工智能的初期采用将是渐进的，但由于计算机系统的吞吐量大幅增加以及基于人工智能算法的性能大幅提高，预计在 2022 年后 AI 应用将会加速。对数据中心进行的大量投资，也将促进处理和存储大量数据的能力的发展。

游戏是玩游戏的人与 AI 机器互动，这个领域发展非常迅速，游戏商业模式以及用户组成正在迅速变化。此外，作为全球显卡领导厂商的英伟达正在积极宣传 AI 在游戏和其他应用中的优势。在其最新的财政季度，英伟达在 2018 年 1 月 28 日结束的最新的财年获得了约 57% 的营业收入增长，这是非常令人瞩目的成绩。这家公司是为 AI 训练算法提供平台的全球领导者之一。英伟达还积极开发自动驾驶，并与特斯拉和其他汽车公司建立了合作关系。

中国已在电力成本较低的地区设立了大型数据处理中心，将可被用来支持基于 AI 的游戏和未来所需要的实时数据处理活动。

电子竞技的发展势头非常迅猛，人们可以观看其他人玩电子游戏，且竞争激烈。在未来一代的电子竞技中，竞争的替身将是由人控制的虚拟分身。具有最强大的虚拟分身和使用这些分身技能的人类玩家会赢得这些电子竞技游戏。玩家成功的基础将是在比赛开始之前充分发挥虚拟分身的能力，并在比赛中更好地控制他的虚拟分身。这个概念类似于 F1 赛车，跑道内圈上的驾驶员最有可能获胜，因为在熟练驾驶员操控下的优越的赛车已经表现出比之前比赛中任何其他人车组合更好的性能。驾驶员在比赛期间还需要控制赛车性能，但处于领先地位则会具有非常强大的竞争优势。

因此，电子竞技是一个硬件技术和算法快速发展的平台，人们愿意采用新技术。在全球有数亿个玩家，其中许多玩家是拥有高超电脑技能的年轻人，他们的技能都在不断提高。

为了没有太多障碍地采用基于 AI 的智能机器，首先需要重视拥有数亿个活跃用户的规模很大的领域。采用人工智能技术的大众市场情况可以为人机界面结构的变化提供一个视角。因此，这不是人们如何适应机器的问题，而是采用 AI 机器的速度以及如何管理不断变化的接口的问题。

人类已经很好地适应了石油和其他技术至今对社会发生的影响，但在数据密集型的 AI 阶段，人与机器关系变化所产生的影响，将比过去所发生的影响大得多。具有接受颠覆性变化的心态，能够迅速适应这些变化是至关重要的。

迄今为止，人类已经采用机器来承担人的肌肉力量，但是对于人工智能来说，机器将替代人脑的力量。但是，如果人们失去对机器的控制，就可能造成严重后果，其结果可能是社会发生巨大的变化。因此，需要具备精心策划和实施的战略。为了社会和个人的利益，这种百万倍地提高有效智商数的能力需要被充分利用，它的正面积极作用将远大于消极作用。

游戏的幻想世界让人看到了人工智能和机器学习的能力。然而，生活并不是一场游戏，也不是建立在摧毁竞争威胁的基础之上的。生活以合作和竞争为基础，成功的基本标志之一是增加的财富，而不是消灭多少竞争者的阵地。

事实上，有必要加速建立一个生态系统，使人们能够与机器建立紧密无缝但富有成效的关系，并让人能够管理机器。

从提升智商到提升情商

随着人工智能和增强智能能力的迅速增强，未来智能机器的智商（IQ）要比人类高得多。但是，光是提高 IQ 是不够的，智能机器还需要高情商（EQ）。

每个人都有喜怒哀乐的情感，除了语言之外，人类可用各种情感来进行人与人之间的交流。大家知道，如果一个婴儿在没有情感存在的环境下生长，他心理及脑神经生理的发展就会受到严重影响。虽然至今为止，科学家还无法证明人类的语言和人类的情感从何处发源，但是随着技术的不断发展，科学家正在试图把人类的语言和情感“移植”到机器，即虚拟助理或者机器人中。

有迹象表明，带有情感的机器已经有了几千年的历史。在 1 世纪的时候，希腊数学家亚历山大曾设计了一个可以用来表演微型戏剧场面的带表情的娃娃。虽然他写的关于这些带情感

“自动机”的原文没有传承下来，但是一群西西里学者发现了在 13 世纪出现的阿拉伯语翻译版本。当它后来被僧侣们翻译成拉丁文时，一个新名词被创造出来：Android，希腊语意为“人”，今天翻译为“人形机器人”，或者直接音译为“安卓”。

在 1774 年，瑞士的父子发明家皮埃尔和亨利做成一个外形像美貌女孩的机器人玩具，能表演演奏大提琴，他们开始带着它到欧洲各地巡回演出。出场时，它会随着音乐摇头，随着音乐挺胸呼吸。他们的一个主要竞争对手是德国发明家大卫·伦琴，他仿照演奏家玛丽·安托瓦内特做了一个会表演乐器的机器人模型，并将机器人送给她作为礼物。

当时，人们看到机器能够做出这样的类人表演已经感到非常激动了。但是到了 21 世纪的今天，随着计算机技术和人工智能的发展，要求又不一样了，即要求机器人不但像人形，能够做出一定动作，还要能理解人类的语言，理解人类的情感，甚至自己带有类人的情感。

谷歌、微软等大公司长期以来都在研究理解和翻译自然语言。开始的时候，语句翻译的准确度很差，但是这几年依靠人工智能和深度学习技术的飞速发展，它们已经有了很大进步。2016 年 5 月，美国一家初创公司研发出一种号称全球首创的智能耳机，其可以即时翻译使用者所说的不同语言，就像有人在旁边进行同步口译，让本国人与外国人沟通不再是难题。可以预计，这类产品在今后短期内就将会得到较广应用。

情感的类型是非常复杂的，“爱”就是其中的一种，而且它的形式非常多样化。即使是要表达“爱”上某一个人，表达的方式可能有很大区别。例如，有的人可能会心率加快，而有的人可能会表露出特定的面部表情；有的人表达“爱”的时候，会特别兴奋或者通过眼睛“放电”，而有的人则是在语音和语调上发生了变化。另外，表达的模式也与一个人的性别、环境、文化程度，尤其是个性（内向还是外向）有相当程度的关联。

如果每个人表达情感的方式都不一致，那么要如何让一台机器去识别情感呢？那就是不能设置一个通用的情感模型，而是让机器对每个人进行个性化的情感识别。“深度学习”算法就可以用来对从传感器中获得的数据进行训练（“学习”），从而让机器“识别”出这个人的情感。

“可穿戴”电子设备的兴起，让传感器可以直接佩戴在人身上，大大扩展了一个人的情感表达的采集领域。也就是说，不是以前仅仅局限于通过“面部识别”来判别一个人的情感，还可通过人的姿态、移动速度、语音、心率、呼吸、出汗程度等来判别。

在日常生活中，这样的“情感识别”可以找到很多的应用。例如，有人把这样的技术做成了一面“智能情感镜子”。设想你要去进行一次重要的求职面试。这家公司的面试官也是公司的高层领导，他问了你的教育经历、你的工作经历、成功的经验及失败的教训、你的强项和弱项、你的外语水平、你能为公司做什么，等等，一直把你问到支支吾吾、不敢直视他们、浑身直冒冷汗为止。然后，这位公司领导对着你说，你太紧张了，下次再来吧。

幸好这一幕只是一个在“智能情感镜子”面前的模拟测试。

“智能情感镜子”可以准备好充分的谈话资料，并识别出你的情感变化。它在听着你的语音，记录语音变化的参数，判断你的坐姿、体温、出汗程度（通过测量皮肤传导率）、面部表情，等等。它观察你的情感反应，并且使用数据库中的训练数据，与你平常的情感做出对比。

明天也许是你与恋爱对象的第一次约会的日子。于是，你可以先在这面“智能情感镜子”面前进行排练。它会仔细对你的面部表情、语音声调、人体姿态，甚至服装打扮等进行判别，并给予指导。这种指导意见，会胜过你在你的亲友或者父母面前进行排练，因为这面镜子是个机器，机器的判别具有“公正性”，不带私人感情色彩；另外机器极具耐心，你可以一遍又一遍地在它面前排练，它不会嫌烦。

上面的例子是让机器识别人的情感。但是，把人类的情感移植到机器，特别是应用于人机交互中（叫“情感综合”），目前还没有取得突破性的进展。虽然已经有很多研究人员在这个领域进行了多年的研究，也有了一些初步的产品，但是这仅仅是个开始，只有极少数的研究成果转化为产品。

如何让人感到这个机器可爱，从而“爱”上机器呢？

几个世纪以来，已经出现了不少与机器人坠入爱河的人的故事。在过去的 10 年中，创造一种你可以“爱”的人工智能的想法，已经从科幻小说移到了研究界和产业界。当看到人工智能在一些游戏如国际象棋或围棋中发挥得很好时，投资者又纷纷倾注资源，投入到“情感计算”的研究和开发中：系统能够识别、解释和处理人类的情感，还能模拟、“综合”人类的情感。

情感是人类智能的重要组成部分。进化科学已经证明，对于人类来说，形成和表达爱情是智能社会不断前进的基础。要让你与机器也会“坠入爱河”，首先要赋予机器这样的能力：生成一个人的感受的能力；了解背景和潜台词，或者了解一个人想要什么和一个人说的是什么之间的区别的能力。而特别重要的是机器坠入爱河的物理形式应该与人类基本类似。

最初在这方面进行认真研究的德国科学家得到的结论是，在谈恋爱时人们做的大部分动作用的是面部表情和肢体语言。他们在世界多地对谈恋爱方式进行了调查，发现有几种行为是始终不变的。不管是男人还是女人，他们经常把一只手掌向上的手，放在其膝盖或者桌子上。他们会耸耸肩膀，点点头，有时会把长发扔到另一边，而对方总会做出某种响应。

根据这样的结论，有一家做机器人的公司把研发重点放在机器人的皮肤上，他们用一种特殊的化合材料做成人工皮肤，其非常柔软且带弹性。这块皮肤仿造了人脸和颈部的 60 块肌肉，可以分别对此进行编程。把这块皮肤套在机器人头上，可以看到机器人的微笑、皱眉、眨眼，等等。这家公司认为要培育人类和机器人之间的爱情，首先从仿造这些姿态做起。公司创始人几年前曾经在 TED 演讲过，当时他展示了一个模仿爱因斯坦的机器人，它可以识别非言语的情感暗示，并做出回应。他皱了皱眉，“爱因斯坦”也皱了皱；他笑了，“爱因斯坦”也一起哈哈大笑。

眼球运动也很重要。眼神接触、含情脉脉的说话语气、写大量情书、讲甜蜜的情话，这些都是促成人类“谈恋爱”的基本方式，所以要把这些“转换”“移植”到机器人中。首先要对此建立情感模型及数据库，使用深度学习等人工智能技术对此加以实现。

机器人如果具备这样的“表现力”，或许会激起用户的关注和喜爱，并反过来让人们进一步去改善人工智能技术，使机器人本身更完善。人们可以爱上宠物，爱上自己喜欢的衣服，爱上手机……为什么不能爱上新的物种——机器人呢？

未来的机器人可能让人更着迷。未来机器人的一个很大市场和应用将是照顾老人和弱者。可以想象，如果让这些机器人每天都带着微笑，理解老人和弱者的情感，充满爱心地提供服务，那将大大提高服务质量，使这些老人和弱者生活得更愉快、更幸福。

尽管能“谈恋爱”的机器会被别有用心的人利用，但是，只要防范措施到位及技术得到进一步完善，这样的机器一定还是值得人们去爱的。这也许是人工智能的终极目标之一。人们应该爱它，因为它会不计报酬、不分白天黑夜、自动为人们辛苦地工作，而且天天充满热情，用微笑面对着人，使人们的生活更轻松。

从“人机共存”到“与机器人同居”

如前所述，人工智能发展的第二阶段的重要标志是智能机器人的普及。虚拟分身的一种是“机器人”。机器人将成为下一个重要的产业——这是比尔·盖茨在十几年前就已经预测到的。虽然“机器人”在科幻电影里早就出现了，但是在“机器人”开始研发的阶段，大部分是把用于工业自动化的“机器手”叫作机器人，例如在汽车工业里的车辆自动装配生产线。真正做成一个“类似于人”的机器人（或叫“人形机器人”），直到最近几年才变成了一个议论最多的话题之一，这是因为随着智能手机、智能硬件研发的迅猛发展，通信技术、半导体芯片、软件、人工智能、视频技术、传感器技术的飞速进步，给“人形机器人”的诞生及产业化奠定了扎实的基础。

可以回顾一下 20 世纪发展起来的制造业的“批量生产”方法，即通过具备各种工具和机器的工厂，大量生产一模一样的某个产品。开始的时候，这些机器都是需要人来操作的“笨”机器。但是到后来出现了计算机之后，情况就发生了变化。这给人们带来了新的机会，可以把机器变得“聪明”起来，这样的机器人可以按照人们的要求编制程序，来完成各种各样繁杂的任务，也可以完成小批量“定制化”生产。20 世纪 60 年代之后，这样的数控机床或者是工业机器人，在大型工厂的流水线上得到了广泛应用。

按照统计数据，2016 年全球大概有 150 万台这样的工业机器人，到 2017 年年底达到 200 万台。这些工业机器人可以帮助企业流水线装配汽车或电子产品，在车间和仓库搬运物品，帮助医生做外科手术，等等。它们可以工作于人类不能适应的环境中，大大减少了劳动力。

机器人如果用到了家里，它将不光像现在已经商品化的扫地机器人这么简单，而会发挥更大的为人“服务”的作用。更进一步需要把机器人提升到具有情感的级别，做到与机器人更通畅地进行沟通和交流。例如，在工厂里的机器人只需与“产品”打交道，“一心一意”完成单个任务就完了；而在家里的机器人，则需要随时与人打交道，随时响应人的需求。

日本研究机器人专业的教授莫里，在 20 世纪 70 年代就已经发现，机器人的外形不能像一部冷冰冰的机器或者一部设备，要做得尽可能像人，才会使人感到有亲切感。这就首先需要用硬件给它做个头、做个会移动的双脚、做个手臂。

很大的挑战是如何让一个人形机器人能够很稳定地走路、走楼梯，像人那样奔跑，甚至超过人：爬上完全垂直的墙面或栅栏，或者立定一跳就可弹跳到屋顶上。这需要给机器人装上一个传感器阵列，它能持续地测量机器人身上部件的方向和移动；还需要实时读出和处理这些传感器所收集的数据，持续调整伺服电机，以保持所需的平衡，不至于倒下。要达到这些要求，需要非常先进的低成本、低功耗的半导体芯片，低成本的精密移动传感器，以及先进的 AI 算法和具有人工智能的语音识别和视觉识别技术。例如，美国一家公司发明了一种“推不倒”的算法，并将其传送至 Atlas 人形机器人，使机器人可以灵巧地保持平衡，甚至你如果故意推倒它，它也可以借助协调能力惊人地立刻双足稳定平衡。

这几年来，国外已经开发了许多种“开源硬件”平台，让开发者在这个平台上进行二次开发机器人。这些平台提供了大部分人形机器人的硬件部件，开发者可以直接从网上下载源代码，然后找一台 3D 打印机把这些部件打印出来，最后把这些部件组装成一个机器人。

人形机器人需要能够识别人的自然语言，才能与人进行交流。但这不是一项简单的任务。20 世纪 90 年代，研究者研发的自然语言识别算法，识别率不超过 70%。一直到 2012 年前后，云计算、大数据技术的出现，才使识别率有了新的突破，得到大幅度的提高，达到了 93% 以上。这里面起关键作用的就是深度学习技术，可让电脑通过大数据自己训练，数据越多就会训练得越准确，识别率越高。现在识别率已经可以接近 98%。

要做一个类似人的人形机器人，还需要“人工情感”和“人工意识”。加强这两个领域的研究，既会进一步推动“人工智能”发展，又能做成一个更高端、更接近人类、更具有人性的机器人。

要让机器人做到能与人类进行情感交流，要先让它能进行“情感识别”，理解人类情感的身体表现。人的情绪很多体现在面部表情上，面部肌肉、眼睛、鼻子等都会表达一个人的激动、怀疑、愉悦、痛苦、失望等感情；声音语调也是一个重要的表达方式，如一个人在愤怒时，会大大提高声调且变得紧张。人的姿势和举止也可以反映出人的情感状态。把这些都建成数学模型，用算法编制好程序，通过处理器的实时运算，反馈到机器人的外表并显示出来。

机器人的研发和发展要比人们想象的要快。它不是仅仅跟着智能硬件或者人工智能的发展而同步发展。目前，阿里巴巴、软银、富士康、谷歌等公司都已经投入巨资研发“人形机器人”。

机器人技术需要在三个领域得到突破：机械动作、认知和思考、传感识别。两年前，日本软银发布了世界上第一台带情感的机器人：Pepper，这是一个重大突破。这个身高 1 米 21 的 Pepper 很有意思，它可以认识家人、教英文、写日记、唱歌、跳舞、说话、玩游戏、变魔术，甚至还能算命。Pepper 在 1 分钟内就售出了 1000 台，可见其受到了用户极大的欢迎。但是，Pepper 还有很多不足：它认识的人不超过 10 个，它不能搬重物，也不能走楼梯，还不能扫地、做家务；它也没有双足，底部只是一个装有轮子、能 360° 旋转的盘子。

那种接近人类的会双足走路、会奔跑、会走楼梯、会做家务、会思考、会工作、会玩乐、有情感、会与人交流的人形机器人，预计在 2030 年前后才会出现，人们可以在商场里挑选，像买部汽车那样买到这样的“产品”。这种机器人有一个头、有两只手、两只脚或四只脚。机器人可以帮人看病，帮人购物、取快递、扛重物，帮人烧饭煮菜，帮人清扫房间，帮助照顾老人和小孩。

从机器人得到的经济效益是非常明显的，但更重要的是对人类心理构成的影响。人类在地球上已经存在了很久很久，并自认为是这个星球上最高级、最有智慧的物种。如果把人形机器人看作又一个具有类人智慧的新物种，那么人类在心理上怎么接受？这将会是很困难的。

除了一系列涉及社会上、心理上、经济上的影响，还有法律上的问题。可以想到，机器人的拥有者是不是需要在法律上对他的机器人的行为负责？如果不是，那么未来的机器人如何承担责任？如果有人用刀把别人刺伤了，那么他就要受到法律制裁；但是如果用刀把一个机器人刺伤了，是算犯了很轻的过失，还是根本就不算犯罪呢？

有几位写机器人的科幻作家，曾提出过需要事先用编程方法来规范机器人的行为，不让它做出损害人类的动作。这些虚拟的规则，有可能在未来变成现实。人类应该永远是机器人的主人，他掌握着把机器人“打开”或者“关闭”的权利。他可以任意存取机器人的记忆（存储器），也可以在任何时候对机器人的“大脑”进行重新编程。

很明显，现在阶段想象到的机器人，就是一个为人服务的“奴隶”。但是，到了能够制造那种真正有感知和认知能力、有“思想”的机器人那一天，机器人的“奴隶”角色将会发生变化。到那一天，机器人不再光是个由塑料、金属或者硅芯片组成的壳子，还是利用生物打印、人工合成生物、自组装纳米科技而制造的生命体。未来这种制造科技将不但用于人类的医学，还将用于制造和修理人形机器人。

过去的 20 年，人们所使用的电脑、网络设备都还只是没有知觉的机器，现在人工智能时代已经或者即将开启，接下来的 20 年，随着虚拟分身及增强智能概念的出现，有认知和感知能力的人形机器人将会出现，机器人将具有越来越多的“人性”。机器人可以自我迭代、自我更新、自我学习、自我纠错、自我成长。

这种创造自主行为的机器，即“虚拟分身”的一种，一定意义上在自然界产生了一个带智慧的新物种。这些机器人将不但与人共存，还在这个地球上与人类同居，它们将变成一个“人工合成”的新公民。人类将不仅仅“拥有”智能科技，而且还得学会与这些“公民”一起生活和工作。

人类智能在 AI 时代的作用

人类智能是社会的核心，智慧、强大的进取心和行动力的结合可以造就非常成功的人。如果有效地加以引导，人类这些优势和能力可以造就一个强大的社会。现在的社会是建立在人的智慧、行动力和进取心上的。在工业化时代，原材料资产的价值已经有了很大提升，不管从土地还是从海洋中，人们都可以获得收益。但是，AI 时代重要的关键新资产是数据，公司的成功将基于从数据中获得的价值。

虚拟分身和增强智能的概念以及生成的大量数据将使机器能够执行人类目前正在完成的许多脑力活动。因此，需要开发利用人类智力和机器智能相结合的新项目。

图 5-1 显示了人工智能达到人类技能水平的不同等级。

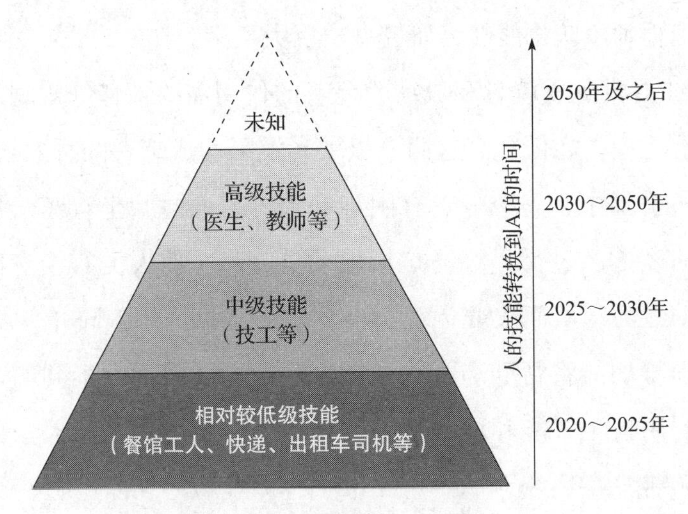

图 5-1　人类技能到 AI 的转化

在目前的社会结构中，根据个人智力、进取心和财力资源的不同，大量的人员在低技能职位上工作，而只有少数人在需要高技能的岗位上工作。将来，除了执行这些任务的能力之外，还可以根据对某个产业人力资源的需求来分配人员。预计未来5～10年内，低技能工作将被具有人工智能的机器所取代。高技能的工作将由人和机器组合完成。

还有一些概念需要了解，如社会平均智力、天才的智力水平以及智力和个人在社会权力结构中的地位的组合等。后一个因素的一个例子是CEO在一家大型公司中的角色，该公司拥有一个由数千名博士研究人员组成的研发团队，而不是具有先进设备并且正在尝试开发新技术的实验室中的某个天才。尽管底层实验室的某位博士研究人员比CEO更聪明，但CEO对研发新技术的贡献远大于这个研究人员。也就是说，如果团队平均增强智能的能力强大，那么具有基于人工智能的高级计算机支持的工程师团队将能够为研究做出巨大贡献。

AI对卓越成就者和成绩较差者的作用需要被仔细规划，并让人看清楚，如何提高这两个极端者及平均成绩者的有效智商。在现实世界中，一个行走有困难的人可以通过乘坐汽车，在距离和速度上超过世界级马拉松运动员。汽车使人类有了身体快速移动能力，从而改变了现实世界中的竞争优势。同样，AI和机器学习功能将帮助和影响未来人的智力。然而，不同的进取心和利用人工智能和增强智能的积极性，也会体现出人与人之间的区别。

在许多日常生活的情况中，人与人之间的体力区别并不大，即符合一定标准。而他们智商的差异也可以通过未来支持增强智力的虚拟分身来标准化，这也是社会的一个目标。人类智力可以通过自己智能和虚拟分身能力的结合得到提高，这样得到的智能，比个人的智力要高很多。人也可以成为一个团体的一部分，比如家庭、公司部门或其他可以组合其 AI 能力的团体。该团体获得的 AI 能力可以随着团体规模的扩大而增强，这种能力可能是对社会有益的正面积极的能力；但是如果团体活动不受控制或用于自私的利益，也可能会对社会产生负面影响。

人工智能和虚拟分身、增强智能和智能机器人团队的潜在优势将会是巨大的，并将有改变整个社会的能力。但是，就像一面镜子一样，其也会有黑暗的一面和光亮的一面。可以对现今社会做一个比喻，一个针对另一个人或社会做了坏事的人会被关进监狱，被限制在牢房而失去身体到外界活动的自由。而在未来，如果一个人做了坏事，他们会因与虚拟分身的分离而失去智力；他们将被限制在他们自己的脑力之内，他们使用增强智能提供的能力将被限制。尽管将犯罪分子置入监狱这种惩罚方式将继续存在，但虚拟分身的丧失与囚禁身体相比，可能会是对犯罪分子更高程度的惩罚。然而，关键问题是谁来决定数据世界的内容，及如何很好地监测数据世界中的活动。

物体损坏可以被看到和触摸到，但数据损坏（尤其是数据从一个位置快速移动到另一个位置）需要由数据软件来监视，也要由数据软件来监控对数据所采取的操作。

人类智能的作用有多个维度。人们如何适应 AI 不仅涉及 AI 技术因素，而且涉及个人有多大热情来使用 AI，以及他所处的社会环境和先天智能。虽然人的有效智能既有人的先天智能的成分，也有后天环境和培训的成分，但在未来，使用了人工智能和增强智能后，人类的先天智能这一部分将只占很小的比例。

虽然有了虚拟分身和增强智能支持的环境，不能或者不愿意利用 AI 智能的那些人与那些积极利用 AI 智能的人相比，会有巨大的差别。积极利用 AI 智能的人能够实现远远超过其他人的目标。因此，在 AI 时代，有效 IQ 差距可能比目前大得多。社会将需要建立考虑到这种能力差异的运行结构。

人工智能对高科技战略的意义

人工智能具有非常大的战略意义，在这个领域中，重要的是建立 AI 产业，并努力在全球范围内达到领先地位。

到 2030 年，中国将需要在硬件和软件技术方面达到全球领先地位。处理器开发的关键竞争标杆包括英特尔、英伟达、AMD、谷歌以及高通公司。而在 AI 算法领域，中国企业的主要竞争对手包括谷歌、亚马逊、脸书和微软。美国也有许多创业公司在硬件和软件上开发新技术。在存储器领域，中国企业的主要竞争对手是三星、SK 海力士、美光科技、英特尔、东芝、西部数据和希捷等。

人工智能将促使中国的许多行业转型——从使用替代人类体力的机器人转变为使用具有智能的机器人。这种转变将在未来 10 ～ 20 年内稳步发展。许多产业，包括制造高科技和低科技产品的产业，都将受到这一转型的影响。这种转型将被视为技术的自然演进，关键要求是建立和支持生产各种智能机器人的公司，这些机器人是 AI 生态系统所需要的。虽然可以从国外购买机器人，但中国需要开发建造数亿项智能机器人所需的技术和制造专业知识。机器人制造业应该是 2030 年中国最大的产业之一。

中国保持其在制造高质量和高精度产品方面的全球领导地位至关重要。中国已经建立了生产先进智能手机的能力，但需要将这种能力扩展到汽车和其他行业。虽然低成本一直是中国建立制造能力的最初催化剂，但现阶段需要高质量和成本竞争力的结合。

此外，还需要做好规划，通过虚拟分身和增强智能完成许多原来一直由人脑完成的任务，这一阶段比工厂和供应链的自动化要困难得多。许多人可能会对这种趋势产生抵触情绪，这里面包括那些充满智慧的精英人士，如斯蒂芬·霍金和特斯拉汽车创始人埃隆·马斯克，他们警告 AI 发生的变化可能具有破坏性。但是，现实情况是，从采用人工智能的角度来看，特斯拉汽车是全球范围内这方面最领先的汽车。虽然有必要了解人工智能的危险性，但重点应放在如何进一步改进和增强其功能，以及进一步发挥其优势上。

有些人还担心人工智能系统有可能变得非常聪明，带有“创造力”，甚至会创造出新的生命形式来编写新的软件和算法，并创建出新的完全自主的人工智能系统，从而变得完全不受人类控制。虽然这可能会在很远的将来才发生，但关键问题是如何建立适当的限制，以便增强管理AI的能力。核爆炸让人看到了不加控制的风险，但与核能相比，人工智能将涵盖更广泛的应用范围。人工智能可能进入某个阶段，到这个阶段，如果不关闭数据中心的部分电源开关，就很难或不可能对AI进行控制。然而，一个关键问题是谁控制着数据中心的电源开关，在全球范围内可能有数百万个开关。

整个社会进入大数据阶段是不可避免的。可用数据量还在不断迅速增加，并且人们正在开发新的算法，以获得更多益处。人工智能将在中国创造许多新兴行业，并使大部分现有行业的生产力大幅度提高。数以千万计的机器人将在工厂生产超级手机、自动驾驶车辆和其他产品。

中国需要在软件领域大幅提升竞争力。在未来，中国可以使用人工智能技术开发软件；还需要建立可供数百万家企业开发软件的大型服务器集群；将需要建立培训中心，让数百万的工程师接受AI软件开发方面的培训。建立这些软件孵化中心就像种植小麦种子，那里需要有足够的水分和营养供其生长。

虽然会有一些基于硬件的新硬件设计出现，但AI革命将使中国不仅成为硬件中心，也成为软件中心。中国还需要为大量新服务的出现做好准备。

管理工厂的人需要用非常有条理的方法来管理各种详细信息，AI的数据分析功能非常适合这种类型的环境。新产品的创建可能需要高水平的创新，这需要不同于工厂环境所需的技能。因此，中国将不得不建立一个激励创新的环境，并继续拥有高效的生产设施。尽管有些人与生俱来具有创新的特征，但现实是创新可以得到后天培训，而创新中最重要的因素是有一个刺激和奖励创新的环境。

AI 的应用就像一棵树的成长。它的根必须位于安全的环境中，并得到营养，以便发展成强大的树干，许多大小分支可以支撑数以千万计的树叶和果实。人工智能将成为中国高科技产业的重大机遇，但需要建立和培育能够使高科技产业迅速成长并成为世界一流的基础设施。培育也需要持续进行，因为树的寿命可能达到数百年。

人工智能产业化路线图

人工智能产业化的路线图可以分为四个领域，详情如下。

云基础设施

云基础设施正在全球范围内建立起来，用于处理数据、分析数据、确定数据分析的关键价值，并向最终用户提供数据，无论使用数据的最终用户是个人还是机器；还需要使用不同层级的存储结构来存储数据。

阿里巴巴、百度、腾讯等中国的数据中心正在扩大投资。根据本书前面讨论的数据中心投资分析显示，中国企业在这方面的投资远低于美国公司。因此，中国公司需要在未来几年内在新近投资的基础上再增加约 5 倍投资，以充分优化大数据时代全球领先所带来的收益。

数据管道

需要建立相当宽的数据管道，以让数据顺畅地在数据中心与产生数据的终端之间传送。这些数据终端包括智能手机、基于物联网（IoT）的传感器和其他数据源，将有数百亿个物联网传感器以及超过10亿部生成数据的超级手机。

数据的分布管道在近期内就是4G无线通信的信道；2020年将是5G无线信道。5G移动通信的初始版本将在2020年支持1Gbps的峰值下载数据速率，但到2030年，峰值下载数据速率将可以达到100Gbps（数据速率每5年增加10倍）。除了高数据速率和低成本之外，数据管道的关键要求是低延迟传输时间。

中国还需要具备安全的回程通信，其中将包括使用光纤和其他高带宽媒体。建立领先的光纤通信技术与建立高速铁路系统一样重要，这将需要建立高带宽光子基础设施。

高带宽的短距离无线连接也是必要的，其中包括Wi-Fi、WiGig、蓝牙等无线标准。中国在建立高带宽网络连接方面正在开展许多项目，连接带宽可以代表相对于其他国家的竞争优势。

从智能手机到超级手机

智能手机的功能正在不断加强，而演变到超级手机的基本条件是处理器的吞吐量有100～1000倍的增长，这预期在2025年可以实现。智能手机及其相关的电子产品预计将成为企业和个人用来进入AI生态系统的云窗口。超级手机的视觉和语音处理功能对于其与外部的通信非常重要，这需要高性能算法把模拟信号输入转换到数字环境中进行高性能处理。

寒武纪和芯原微电子的实时神经网络处理器代表了 AI 处理器的关键模块功能。然而直到 2030 年，中国需要花费至少 650 亿元人民币才能拥有可与英特尔、英伟达、谷歌等在数据中心方面竞争的处理器引擎。

影响 AI 在中国应用的关键因素是大型处理能力。为支持加密货币，有个别公司已经建立了这种处理能力。虽然加密货币挖掘具有高度的投机性，但其技术的使用是对 AI 的一种支持。比特币挖掘及 ASIC 芯片设计公司“比特大陆”（Bitmain Technologies）已经通过其研发的张量处理单元进入 AI 领域。比特大陆在 2017 年 12 月还购买了北京罗波科技，这是一家机器人公司。为了支持 AI，中国的基础能力得到迅速提升，而提升方法并不总是采用最直接的方法。

此外，中国需要在短期内开发出能与 TensorFlow、Caffe2 和其他深度学习框架进行接口的算法，但中国更需要建立自己的框架，以加速中国自己独特能力的发展。中国需要进一步加大人工智能的算法和网络开发所需的投资。

中国要开发先进的 AI 算法，关键是其拥有比 DeepMind 的算法更好的功能，把 DeepMind 作为标杆，也需要开发类似于英伟达的 CUDA 里面的平台。这样可让中国成千上万的软件开发人员开发 AI 生态系统中出现的新的应用软件。有必要在软件方面建立起新的产业，掀起大量人员的就业高潮。这与过去建设大量工厂，建立就业岗位类似。然而，新一波技术掀起的浪潮要远高于过去的工厂建设浪潮。工厂是机器密集型的，而早期的 AI 阶段将是大脑密集型的。

华为与其子公司海思半导体公司在开发能将智能手机发展成为超级手机所需的处理器芯片方面取得了良好进展。海思在设计复杂的半导体产品方面，在中国是独一无二的。它已经在与很多全球领导者竞争，这些公司包括高通、英特尔、英伟达、博通、苹果、三星和其他公司。而像 VerySilicon 这样的小公司也正在开发复杂的半导体产品，另外有约 100 家半导体公司也在开发复杂的半导体芯片。

中国智能手机厂商需要开发用于增强现实的全套功能，这将涉及所需的图像融合分割算法以及图像传感器技术，还需要开发苹果在 iPhone X 的 3D 面部识别功能中使用的“飞行时间测距法”技术，还需要建立一个与苹果的 ARKit 和谷歌的 ARCore 相媲美的增强现实框架，但需要开发针对中国市场的功能。

由于中国智能手机供应商未来每年能够生产 10 亿部智能手机，因此提供用于智能手机的产品和组件的市场机会非常大。目前，大多数的领先产品和组件都是由外国公司设计的。尽管许多制造是在中国完成的，但关键 IP 仍由外国公司拥有，外国公司由此取得高额利润。

但是，中国在数字支付技术这样的领域，已经成为全球范围内的领导者。一旦出现合适的技术解决方案，中国的采用速度可以非常快，并且在很短时间内可以为数亿用户提供这个技术。

从物联网到智能物联网

物联网市场具有高的增长潜力，但是没有预期的那么快。因为云中数据生成的价值并不高，而且把数据发送到云比较困难。

2020 ～ 2022 年，5G 无线通信的广泛应用将解决数据高速传输问题。然而，NB-IoT（窄带物联网）作为近期支持低带宽连接到云的一个技术选项，正越来越多地受到关注。因此，随着连接到云的需求越来越大，预计物联网的各个细分市场将进入高速增长阶段，中国建立可实现物联网高速增长的产品和服务至关重要。

物联网应用将涉及数百亿个数据生成源（传感器）。虽然传感器生成的数据量很低，但生成的数据累积量将非常大。因此，将需要使用基于人工智能的技术来分析和导出数据的价值。

医疗行业将是广泛采用物联网的一个受益者，因为能够使用数十亿个传感器实时监控人的健康，并能够汇聚数据，使用人工智能分析数据。然而，医疗应用将可以使用许多不同类型的传感器，开发专业传感器将成为中国企业的一个重要商业机会。用于医疗和其他应用的最先进的传感器研发公司和研究机构都在欧洲，包括 IMEC（欧洲电子研究中心）、德国弗劳恩霍夫协会，以及 CEA-LETI（法国原子能委员会电子与信息技术实验室）。CEA-LETI 的先进传感器技术是令人瞩目的。

亚马逊、Alphabet、苹果、脸书和 IBM 等公司正在积极支持应用物联网（IoT）技术和使用 AI 技术来支持数据密集型的医疗保健计划。

物联网在农业领域包括农作物种植、牲畜饲养、果园开辟等的应用也会有非常大的市场机会，这需要开发与食物链行业相关的专业算法。农业产业高度分散，可为许多小企业提供机会。

物联网应用还包括可穿戴设备，这为健身追踪器、智能手表和可穿戴相机等各种新产品提供了机会。这些新产品将能够连接到基于 AI 的云生态系统；能够连接到云中及有强大 AI 功能的云生态系统，这将给具有创新概念的初创企业提供机会。这些初创企业能够为大量潜在用户提供服务，而只需相对较低的前期投资。

不管是互联网也好，还是物联网也好，都把外部世界的人和物连接起来了，但是还缺乏一个最关键的东西——会思考、会分析、会做决策的大脑。在一般的物联网里如果没有加上 AI 算法和数据分析功能，那基本上就是四肢发达的“无脑儿”。

互联网发展这么多年来，强调的无非是从“网速”“带宽”“流量”等方面提高质量，这些仅仅是加大了传输管道的容量而已，或者把连接对象从“人”扩大到了“物”，或者使用“互联网 +”以及“O2O”等来对互联网的应用领域做横向扩展。但是，对网络本身来说，一直没有具备再高一个层面的特性，那就是“智能”。如果把“大脑”加进物联网，让它变成“智能物联网”（IIoT），这样的“IIoT”将会带来意想不到的革命性的变化。

先来看看在日常生活中，人们常常会遇到怎样的场景。

人在炉子上煮着菜，听到孩子的哭声又跑到另一间房间去照顾小孩，等他哄完孩子再赶到厨房，菜却已经完全煮干了，只剩下一堆黑乎乎的“焦炭”，整个厨房一片焦烟味。

如果有了“IIoT”，人的行为（走路路径）及表情，都会被房间里各种器具（包括床、椅子、沙发、橱等）所感知和记录，并进行实时分析，而厨房的冰箱、炉子、锅子全部都联网。当炉子超过一定温度、锅子发生干烧的时候，它们会发出信号给穿戴在人身上的可穿戴设备，使之报警，同时自动把炉子关上（“执行器”发生作用）。

晚上，吃了晚饭后人斜躺在沙发上看电视，因为白天一天工作太累了，看着看着就有了睡意，一会儿竟然倒在沙发上睡着了。等早上醒来，发现电视机还开着，自己身上什么被子都没盖，感觉到喉咙痛，开始不断咳嗽。

如果有了“IIoT”，房间里的沙发、冰箱、电视机、空调等都会感知人的体形动作、人的走动情况、人的声音，甚至人的表情，然后会进行分析和“思考”。见到人已经倒下睡着，“IIoT”就认为这人有了睡意，就会把房间里的空调打开并调整到合适的温度，电视机也会自动关掉，沙发也会慢慢展开铺平变成一张床，让人舒舒服服地一直睡到天亮。

如何把目前的物联网升级为“智能物联网”？那就要从网络架构上做出新的设计，要把下列这些主要部分“嵌入”到里面。

- **传感部分**：直接从周边的物理世界“感知”到各种变化，不管是感知到亮度还是感知到运动，不管是感知到空气还是感知到人群。
- **分析部分**：对于感知到的数据进行分类，这要用到“学习”功能，然后对大量数据进行统计和分析。

- **评价部分**：通过用户和社交网络所连接的人群（如微信的“朋友圈”）得到评价和反馈。
- **决策部分**：通过得到的分析和评价来进行推理、优化和计划，然后在众多的选择（可以有几个，也可能有成千上万个）中做出决策。
- **执行部分**：执行决策部分做出的决策，如关掉空调、在自动驾驶的车辆中刹车制动，等等。

这里面最重要的是基于 AI 的分析部分。如果不对网络采集到的海量数据进行分析，那都是没有什么价值的。例如，现在大街上到处装了摄像头，这些每天采集到的“大数据”，都是一些噪声，杂七杂八、五颜六色、来来往往的车辆和行人，天天如此，不能体现出真正有用的价值。

一旦要搜寻某个人或者某辆车，可使用图像识别软件进行自动比对。但在“智能物联网”中，情况还要复杂很多。例如，要分析的一般不仅仅是图像或视频，还有各种文字、声音，等等。还要把多个或者多种性质完全不同的传感器采集的数据组合到一块。这不单单是数据的线性叠加，而是要经过很多复杂的运算。

通过基于 AI 的“分析”，体现出了数据的价值。分析的过程还涉及知识覆盖、语义理解、上下文理解（如昨天采集的数据和今天采集的数据之间的关系）等，这需要使用专门的非线性算法。这些学习算法现在还很耗费时间，因为往往还要对数据进行反复“训练”。因此，要达到完全“实时”运算是一个很大的挑战。

人脑类似于一个“并行计算”的计算机，要做“智能物联网”，那就得尽可能“类脑”。只有通过“类脑”，才能大大减少运算时间。最好的办法是把海量计算单元集成到一小片“类脑芯片”里面去。把智能手机转换到超级手机，关键就是处理速度的大幅度提高。

但是，目前这种半导体芯片的耗电量还很大，满足不了大部分网络终端（如智能手机、可穿戴器件等）耗电量极小的需求。未来，新的超低功耗晶体管技术出现并大规模产业化之后，这样的“类脑芯片”有可能得到大规模应用，可以在网络里嵌入海量的这种“类脑芯片”，把“ IoT”推到一个更接近人脑的新的高度。

可以预料，随着 AI 热潮的迅速推进，“ IIoT”将带来一场跨界、跨领域以及跨产业的新的革命，它将带来无限的商机，大大提高人类的认知能力和工作效率，也将彻底改变人类的生活习惯和生活方式。

AI 产业化路线图综述

人工智能产业化路线图中显示的例子除了以前讨论过的领域（如汽车驾驶、工厂自动化、医疗和农业等）之外，还包括中国 AI 环境中的其他相关领域。

AI 可以支持的应用面非常广，但每个领域都需要开发专门的硬件和软件技术，还需要提高这些技术的全球竞争力，因为技术改进的速度将很快。一项关键要求是技术上达到全球领先地位以及创造一种刺激创新的商业环境，为成功的公司和个人提供精神和物质奖励。

在很多情况下，未来 3 ～ 5 年达到全球领导力的技术路线图已经明确确定了，但从新技术不断出现的角度来看，为新技术的开发建立创新中心很重要。然而，未来基于人工智能的系统的自身能力将迅速增强，操作灵活性非常重要。图 5-2 显示了 AI 能力的增强曲线。

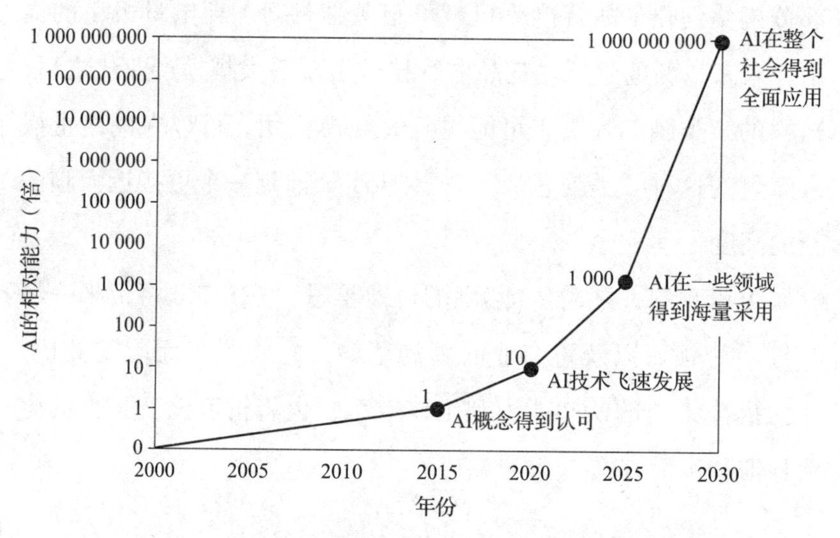

图 5-2　随时间推移的 AI 能力增强曲线

对 AI 的分析表明，2000 ～ 2015 年，AI 能力有所提高，但 2015 ～ 2020 年，能力将增强 10 倍；然而，AI 能力在 2020 ～ 2025 年将增强 100 倍，2025 ～ 2030 年将增强 1000 倍。人工智能的这种快速增长将因应用和终端市场而异，但会对许多行业造成颠覆性影响。

2015 ～ 2030 年，人工智能每隔 5 年的能力增长速度可能比文明历史上任何其他技术所提供的能力增长都要快。

然而，建立硬件基础及算法基础非常重要，这些可以优化人工智能的优势，同时也建立起与人工智能的优势相匹配的生态系统，并能快速部署以 AI 为中心的各种服务和产品。

公司：寻找未来的大市场

人工智能将涉及广泛的应用领域，在自动驾驶、货物物流、医疗、游戏、农业和其他许多应用领域已经看到潜在的益处。同声翻译也可基于人工智能技术。在中国建立和升级云生态系统将有广阔的市场机会，这将允许处理大量的数据。虽然中国在云生态系统已经做了初始投资，但为了建立数据处理能力以更好地支持 AI，中国在未来几年在云生态系统上的年度投资必须增长 5 倍甚至更多。建立云生态系统所需的关键组件的生产供应链，这具有很高的战略和经济价值。

中国已经在通信塔和建筑物上建成了数百万个 4G 基站，而建立 5G 基础设施则还需要安装和维护数百万个基站。

华为公司不但在生产宽带回程通信基础设施上是全球领先者之一，在 5G 通信技术上同样是全球领先者之一。中国只要在基站和回程通信设施上进行适当投资，就可以拥有全球最先进的 5G 基础设施能力。

中国在建设 3G 基础设施方面曾落后于其他国家，但在 4G 上已经与其他国家平起平坐。中国在 5G 上成为全球领导者之一的能力，证明了中国的内在优势以及企业高层管理人员对企业全球竞争力的巨大影响。

华为通过海思半导体公司开发了麒麟 970 处理器，该处理器含有神经处理单元，这是抓住人工智能机会的第一步。华为麒麟 970 处理器采用台积电 10 纳米工艺制造，与苹果、高通、三星等开发的应用处理器相比具有竞争力，进一步彰显了华为在竞争激烈的终端市场领域的领先地位。由阿里巴巴投资的寒武纪拥有的神经网络处理器内核，可用于许多基于 AI 的应用。芯原微电子的神经网络处理器内核也具有广泛的潜在应用。

华为强劲的财务表现和成为先进通信技术全球领导者的能力是中国其他公司应该效仿的。作为全球市场领导者的关键特征是具备非常强大的顶层管理者，这一点非常重要。但公司还需要注重技术上长期保持领先，而不是仅试图优化短期财务收益。

其他非常成功的高科技公司包括阿里巴巴、腾讯和百度，也有着非常出色的高层管理人员。

人工智能领域的另一个高增长市场，是正在建造中的智能机器人。虽然华为是通信基础设施领域的全球领导者，但在智能机器人方面，中国还没有出现处于同样领导水平的公司。然而，大疆创新是无人机领域的全球领先企业，而大疆创新的特点也是拥有非常强大的高层管理领导力。

对中国来说，一个重要的需求是建立一个可以激励产生有实力的企业领导人的环境。尽管在某些领域已经取得了很大的成功，但与中国的人口相比，全球领先企业中的中国公司数量相对较少，因此，挖掘和培养具有国际视野和强大专业能力的企业家和 CEO 是非常重要的。尽管可以在开发新技术、建设新工厂和强大的供应链能力方面进行大量投资，但如果没有强有力的领导者，这些投资的杠杆率将会很低。

然而，人们期望未来的领导者将通过高性能的虚拟分身和增强智能技术来掌握数据管理方面的高水平技能。但仍需要开发新的业务结构，以使许多大型公司成为全球领导者。

个人：来自 AI 的满足感

人类一生中有各种各样的需求和欲望。如果这些需求和欲望都能得到充分满足，对个人和整个社会来说，就会有极其重要的意义。而人工智能可以帮助人类实现这个目标，如果发挥得好的话，这可以给个人带来很大益处，从而使个人产生很大的满足感。与智能手机普及程度类似，AI 也会被大量应用。然而，人工智能是一种可以让个人拥有更高智商的技术，其重要性比智能手机要高得多。

人类需要了解 AI 可获得的益处，并积极推动使用和增强 AI。人工智能会淘汰目前存在的许多工作，所以需要开发利用人工智能价值的新就业机会。这需要对新兴行业进行全面的规划和投资。前面章节已经介绍了不少有很多机会的领域。

教育系统将需要成为以人工智能为中心，并能够探索人工智能优势的领域。在 AI 领域培训学生和工程师的教育工作者需要成为全球专家，并且需要全面了解 AI 的益处。AI 时代的教育工作者需要成为社会上最聪明的人，并且在使用 AI 能力方面也非常熟练。随着时间的推移，AI 能力提升的速度将会加快。

使用虚拟分身、增强智能和虚拟现实设备，可以大大提高人的工作效率，人员使用时间的方式将与今天完全不同。因此，使用人工智能的人的满足感的程度，将与这个人从人工智能生态系统中获得的价值，以及这个人在人工智能环境中所做的事情有关。但是，通过人工智能和虚拟现实，人们很容易逃离到一种幻想世界，其中可以包括游戏和其他活动。如果使用过度的话，这种逃离现实、离群索居的情况可能会对社会造成损害。

有必要为建立和积极参与 AI 环境的那一部分人提供奖励，这些人是商业和学术 AI 环境的一部分。然而，要积极参与 AI 环境，就需要熟练使用虚拟分身和增强智能功能。这个技能基础本身也将会不断增强，培训材料将上传到虚拟分身，虚拟分身再训练这个人。

个人满足感是人工智能在社会中充分发挥能力的关键因素之一。虽然人工智能将提高工厂、医疗机构和其他领域的生产力，但需要确保社会满足感很高。个人满足感是主观的感觉，往往基于过去的体验，它会受到外部环境的制约。

现实是，人类的情感是由化学成分决定的。因此，虚拟分身有可能通过指定人的饮食来控制人的化学成分，这可以通过来自传感器的适当数据来确定。然而，关键问题是谁来决定个人想要或应该达到的满足程度。我们期望的是，个人将自己决定他的满足程度，这是目前社会上许多取得很高成就者的情况。而个人所希望的满足感的程度，可能会因人而异，会有很大的差异。

在商业环境中使用人工智能的好处是可以量化，但个人满足感将难以量化。然而，AI 本身的能力可以通过与人的心理及生理健康的互动，来确保人们在 AI 时代得到高度满足感。

因此，可以把人工智能作为一种工具，来衡量社会长期活动产生的益处。尽管激发创新的创业环境很重要，但关于 AI 可以做什么样的指导和设定边界也很重要。

对文明社会中的日常活动（包括驾驶汽车），现在都有规章制度加以限制。人工智能将变得更加复杂，到 2030 年，全球任何人都会拥有具备超级计算机功能的超级手机。距离采用新的基于人工智能技术的时间不会很长，个人对是否采用新技术需要迅速做出反应。重要的是一方面让人工智能的益处充分发挥，另一方面要限制采用人工智能时可能发生的不良影响。

但是，个人在心理、习惯上的改变是很慢的。分析显示，2020 ～ 2030 年这 10 年内，人工智能的能力将会得到急剧提升。建立一个适应 AI 的社会运行结构只能在一个很短的时间内完成。因此，在这段时间内，需要每个人在心理上和习惯上迅速跟上人工智能时代的步伐。

AI 包含了许多技术模块，这些模块正在迅速得到改进和增强。然而，最重要的因素是人工智能将如何为社会带来巨大利益，并建立社会运作架构来充分利用 AI 机遇。未来 50 年社会变化的速度将比过去 500 年社会所经历的还要快得多，而且这些变化造成的影响要深远得多。

因此，很重要的是积极拥抱这样一个新的时代，让 AI 成为社会转型的关键部分，并大力推动 AI 产业的建立和发展，而不是抵制采用 AI。

以前的工业革命用工具和机器代替了人的机械功能。而在“人工智能 +”时代，人的心智功能，包括思维、预测和决策的能力，甚至创造能力，正在被取代。这是人类历史上从未发生过的事情。到了“人工智能 +”时代的后期，即人工智能发展的最后阶段，储存在云端的“仿生大脑”与人类的大脑将实现“对接”，人工智能将会超越人类，世界将开启一个新的文明时代。

著名的未来学家与思想家、谷歌工程总监雷·库兹韦尔，把这一时间点定为 2045 年，将之称为“奇点”。但由于人工智能、智能机器的发展速度在最近几年已经超出了预期，库兹韦尔在 2017 年年初修改了自己的预测，他认为奇点到来的时间甚至可能提前到 2029 年。

科幻电影的场景快要来到每个人面前，一个崭新的、辉煌的时代正在到来。